"十三五"高等职业教育计算机辅助工程系列规划教材

AutoCAD 应用技术实训教程

（第二版）

唐秋宇　王丽萍　主　编

曾雅楠　曹　煦　于志良　副主编

U0316703

中国铁道出版社有限公司

CHINA RAILWAY PUBLISHING HOUSE CO., LTD.

内 容 简 介

本书是为了满足高职高专"AutoCAD 应用技术"课程教学需要而编写的实训教程,以 AutoCAD 2018 中文版为平台,介绍了 AutoCAD 软件的使用方法和技巧。全书包括制图基础知识,认识 AutoCAD,常用二维绘图命令,图形管理和辅助绘图,常用二维编辑命令,编辑对象特性,使用文字和表格,尺寸标注,图块、属性和外部参照,以及图形的布局与打印输出等内容。

编写工作中坚持问题导向、创新指引,体现任务在先的探索精神,注重技能学习的操作性与能力培养的可复制性、可推广性。融课程教学与素质培养于一体。

本书校企合作编写,以绘图分析为切入点,力求通过典型例题和读者耳熟能详的应用案例,分析绘图方法,讲解命令的使用,使读者掌握 AutoCAD 的操作方法。本书方法视角独特,知识讲解到位,操作步骤清楚,简单易懂。读者看得懂,学得会,用得上。为更好地帮助读者理解书中内容,学习绘图技法,录制了大量绘图视频,可以扫描书中二维码观看。

本书适合作为高等职业院校计算机类、电子信息类、机电类、建筑类等理工类相关专业 AutoCAD 应用技术的课程教材,也可供初学者自学参考。

图书在版编目(CIP)数据

AutoCAD 应用技术实训教程/唐秋宇,王丽萍主编. —2 版. —北京:
中国铁道出版社,2019.3(2023.1重印)
"十三五"高等职业教育计算机辅助工程系列规划教材
ISBN 978-7-113-25401-8

Ⅰ.①A… Ⅱ.①唐… ②王… Ⅲ.①AutoCAD 软件-高等职业教育-
教材 Ⅳ.①TP391.72

中国版本图书馆 CIP 数据核字(2019)第 005888 号

书 名:AutoCAD 应用技术实训教程
作 者:唐秋宇 王丽萍

策 划:何红艳   编辑部电话:(010)63560043
责任编辑:何红艳 钱 鹏
封面设计:付 巍
封面制作:刘 颖
责任校对:张玉华
责任印制:樊启鹏

出版发行:中国铁道出版社有限公司(100054,北京市西城区右安门西街 8 号)
网   址:http://www.tdpress.com/51eds/
印   刷:三河市宏盛印务有限公司
版   次:2011 年 2 月第 1 版 2019 年 3 月第 2 版 2023 年 1 月第 4 次印刷
开   本:787 mm×1 092 mm 1/16 印张:14 字数:334 千
书   号:ISBN 978-7-113-25401-8
定   价:39.00 元

本书为《AutoCAD 应用技术实训教程》（第二版），根据 AutoCAD 软件技术的发展和课程教学的需要，对第一版教材进行了内容和软件版本的升级、调整更新，同时对第一版教材配套光盘内容也进行了更新，录制微课视频，直接附录到教材相关章节，扫码观看，方便学习。

本书以职业能力养成为目标，构建具有针对性和适用性的教学内容，面向素质培养和岗位问题，以实践教学为主，以绘图分析为切入点，力求通过典型例题，分析绘图方法，讲解命令使用，进而使读者掌握 AutoCAD 的操作方法，体会"任务在先"的绘图分析方法（学习方法）——"画什么，在哪儿画，用什么工具画"，在绘图过程中学习软件的使用方法，使学习过程变得轻松有趣。

教学实践中，课程组与企业工程技术人员密切互动，分享现场施工资料，提升了教师实践认知能力。校企合作，共商共建，工程师对案例的选用及语言表述，给予了大量意见和建议。由此，既丰富了课堂教学内容，案例鲜活生动，学生耳熟能详，又使课堂教学与一线施工相关联，课堂教学与企业实际融为一体。在案例图形的分析与绘制过程中，由浅入深、循序渐进地讲解 AutoCAD 软件的使用方法和技巧。

为更好地帮助读者理解书中内容，学习绘图技法，我们录制了大量绘图微课视频，可以扫描书中二维码观看。需要注意的是，每个图形都有多种绘制方法，视频中演示的只是若干方法中的一种，供读者参考，期望能够触类旁通、举一反三。

本书由唐秋宇（保定职业技术学院）、王丽萍（保定职业技术学院）任主编，曾雅楠（天津农学院）、曹煦（保定职业技术学院）、于志良（青岛四方机车车辆技师学院）任副主编。编写分工如下：唐秋宇编写实训二、实训三、实训四及录制操作视频，王丽萍编写实训六和实训七并承担全书统稿及制作教学课件等工作，曾雅楠编写实训一、实训九和实训十，曹煦编写实训十一和实训十二，于志良编写实训五和实训八。

在本书的编写工作中，得到了中国铁道出版社的大力帮助。在此，对本书编写工作付出辛勤劳动的所有人员致以诚挚的谢意，并特别感谢单建林（保定市万达环境技术工程公司）、张伟亮（保定市万达环境技术工程公司）等资深工程技术人员在课程建设过程中给予的鼎力支持。

本书适合作为高等职业院校计算机类、电子信息类、机电类、建筑类等理工类相关专业 AutoCAD 应用技术的课程教材，也可供初学者参考自学。

由于编写时间及编者水平有限，书中难免存在疏漏，恳请广大读者给予批评指正。

编　者

2018 年 12 月

通常的 AutoCAD 应用技术教材往往更多地关注课程本身的体系结构和语言的科学准确，为讲解软件而编写，让读者感觉高深莫测，这种做法在一定程度上忽略了学生的认知规律，往往使读者在读后绘图时仍然无从下手。本书以绘图分析为切入点，力求通过典型例题，分析绘图方法，讲解命令的使用，进而使读者掌握 AutoCAD 的使用，体会"任务在先"的绘图分析方法（学习方法）——"画什么，在哪儿画，用谁画"，而不是"命令在先"。命令只是解决问题的手段，这个手段可以有多种，因地、因时，哪个好用用哪个（兼顾绘图习惯和绘图手法，习惯用哪个就用哪个），再引入同学熟悉的篮球场地图、田径场地图、实训室平面图等典型图例，使学习过程变得轻松有趣。

职业教育的目的在于培养学生的实践动手能力和职业技能，本书以实践教学为主，引导学生正确对待结果与过程的关系：结果很重要，但比结果更重要的是得到结果的过程，学习的目的就是要熟练掌握这个过程，并能够举一反三。操作技能必须练习，在反复练习中掌握、巩固和提高。

本书精选典型例题，在图形的分析与绘制过程中，由浅入深、循序渐进地讲解 AutoCAD 软件的使用方法和技巧。实训内容如下表所示。

实训名称	实训内容
实训一 制图基础知识	学习工程图样的基本知识，了解关于工程图样的国家标准和规范；学习阅读和绘制工程图样的方法
实训二 认识 AutoCAD	了解 CAD 软件的概念和种类，熟悉 AutoCAD 操作界面，初步认识绘图方法、技巧和绘图注意事项
实训三 常用二维绘图命令（一）	通过典型范例，学习点、线、圆和弧的绘制方法，掌握如何创建简单的二维图形对象，并理解各种图形对象的特点；训练读者分析复杂图形图素构成的能力
实训四 常用二维绘图命令（二）	巩固点、线、圆和弧的绘制方法与技巧，通过典型范例，学习矩形、正多边形和椭圆的绘制方法，掌握如何创建复杂的二维图形对象，并理解各种图形对象的特点；学习填充图案，以及如何高效地显示和观察图形
实训五 图形管理和辅助绘图	学习绘制复杂图形之前的一些准备工作，包括设置图形单位与界限、设置图层、设置捕捉和追踪功能等；学习查询长度和面积等图形信息
实训六 常用二维编辑命令（一）	通过典型范例，学习复制、镜像、偏移、阵列和修剪等编辑修改命令的使用方法，掌握如何快速创建二维图形对象，并理解各种图形对象的特点；训练读者分析构成复杂图形的基本图形对象的能力
实训七 常用二维编辑命令（二）	通过典型范例，学习移动、旋转、缩放、倒角和圆角等编辑修改命令的使用方法，掌握如何编辑修改二维图形对象；学习使用夹点编辑对实体对象进行复制、移动、旋转、缩放和拉伸操作
实训八 编辑对象特性	掌握修改对象的特性的方法，包括修改对象的图层、线型和线宽等；学习使用特性窗口修改对象特性和对象参数等；学习组合体构成及其三视图的知识和画法
实训九 使用文字和表格	学习 AutoCAD 文字和表格，以及文字样式和表格样式的概念，掌握在图中创建文字和表格的方法，同时学习对已创建的文字、表格及文字样式和表格样式进行修改和编辑的方法与技巧
实训十 尺寸标注	学习标注样式的定义与应用，能够对标注样式进行管理和编辑；掌握创建、编辑各种尺寸标注及创建引线、注释的方法和技巧等
实训十一 图块、属性和外部参照	掌握图块的生成、插入和重编辑，学习属性的生成、编辑和插入到图形中的方法，学习如何附着、使用和在位编辑外部参照
实训十二 图形的布局与打印输出	学习如何在 AutoCAD 中添加打印机并配置打印参数；掌握在图纸空间与模型空间之间切换，学习创建与使用布局，能够对布局进行设置，熟悉创建、布置及设置浮动视口；掌握不同空间模式下图形的打印与输出

本书由唐秋宇、王丽萍任主编，莫丽萍、鹿杰、刘志良任副主编，唐亚新主审。编写分工如下：唐秋宇编写实训三、实训四、实训五、实训六和实训十二，莫丽萍编写实训九和实训十，鹿杰编写实训一和实训二，刘志良编写实训七和实训八，曹煦编写实训十一，全书由王丽萍统稿并制作教学课件。此外，在本书的编写工作中，还得到了单建林、张伟亮和唐一凡等人的大力帮助，在此，对本书编写工作中付出辛勤劳动的所有人员，致以诚挚的谢意，并特别感谢唐亚新、单建林、张伟亮 3 位资深工程技术人员在此书编写过程中给予的大力帮助。

编写过程中，难免疏漏，恳请广大读者给予批评指正。可发邮件至 E-mail：321tqy@sina.com。

编　者

2010 年 10 月

CONTENTS | **目 录**

实训一 制图基础知识

实训内容

学习工程图样的基本知识，了解关于工程图样的国家标准和规范。

学习阅读和绘制工程图样的方法。

实训要点

培养阅读与绘制工程图样的基本能力。

体会专业知识、专业背景与绘图的关系。注重培养分析问题解决问题的能力，培养认真负责的工作态度和严谨细致的工作作风。

建议：学习中经常回顾本实训内容。

知识准备

图形是人类社会生活与生产过程中进行信息交流的重要媒介之一。采用一定的投影方法及按有关规定绘制的图形称为工程图样。

图样和文字、数字一样，也是人类借以表达、构思、分析和交流思想的基本工具之一。就当代科学技术水平而言，工程图样仍然是工程设计、制造、使用和维修时的重要技术文件，有"工程界的共同语言"之称。因此，工程技术人员必须掌握绘制工程图样的基本理论并具有较强的绘图及读图能力，以适应现在及将来生产发展的需要。

为了科学地进行生产和管理，对图纸的各个方面，如图纸大小、视图安排、图线粗细和尺寸标注方法等，都有统一的规定，这些规定称为制图标准。国家标准机构依据国际标准化组织（ISO）制定的国际标准，结合我国具体情况，制定并颁布了一系列相应的国家标准，代号 GB。GB/T 表示国家标准为推荐性标准。下面所讲内容就是国家标准《技术制图》中有关制图的基本规定，在绘制工程图样时，必须严格遵守这些规定。

1. 图纸幅面和格式（GB/T 14689—2008）

（1）图纸幅面

绘制图样时，应优先采用表 1-1 中规定的图纸幅面尺寸。图纸代号分别为 A0、A1、A2、A3、A4 五种，如表 1-1 和图 1-1 所示。

表 1-1　图纸幅面及图框尺寸　　　　　　　　　　　　（单位：mm）

幅面代号	A0	A1	A2	A3	A4
$B \times L$	841×1189	594×841	420×594	297×420	210×297
e	20			10	
c	10			5	
a	25				

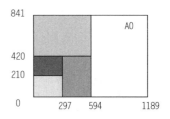

图 1-1　图纸幅面和规格

提示：必要时，可以按规定加长图纸的幅面。加长幅面的尺寸由基本幅面的短边成整数倍增加后得出。

（2）图框格式

在图纸上必须用粗实线画出图框，其格式分为留装订边和不留装订边两种，如图 1-2 所示。同一产品的图样只能采用一种图框格式。

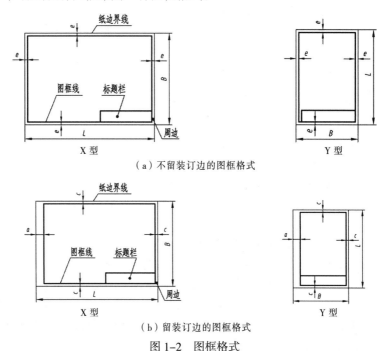

图 1-2　图框格式

2. 标题栏和明细栏

（1）标题栏

每张图上都必须画出标题栏。标题栏表达了零部件及其管理等多方面的信息，是图纸上不可缺少的一项内容。标题栏的格式与尺寸应按国家标准 GB/T 10609.1—2008 的规定，一般位于图纸的右下角，并使标题栏的底边与下图框线重合，右边与右图框线重合，标题栏中的文字方向通常为看图方向。各设计单位的标题栏格式可有不同变化。图 1-3（a）所示为零件图中标题栏的形式，图 1-3（b）所示为本书作业建议使用的标题栏形式。

（2）明细栏

对于装配图，除了标题栏外，还必须具有明细栏。明细栏描述了组成装配体的各种零部件的数量、材料等信息。明细栏配置在标题栏的上方，按照由下至上的顺序书写。装配图中的明细栏由国家标准 GB/T 10609.2—2009 规定，其格式和尺寸如图 1-4 所示。

（a）零件图中标题栏的形式

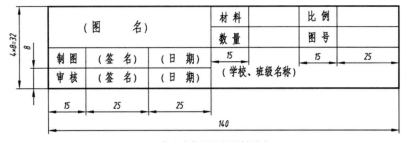

（b）作业中使用的标题栏形式

图 1-3　标题栏

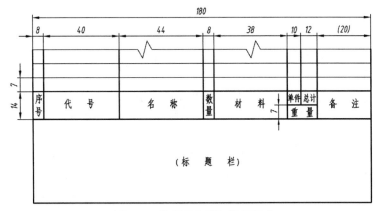

图 1-4　装配图中明细栏的形式

3. 比例（GB/T 14690—1993）

图样的比例是指图样中图形要素的线性尺寸与实物相应要素的线性尺寸之比。线性尺寸是指尺寸线能用直线表达的尺寸，例如直线长度、圆的直径，而角度则为非线性尺寸。

图样比例分为原值比例、放大比例和缩小比例 3 种，如图 1-5 所示。绘图时，应根据实际需要按表 1-2 中规定的系列选取适当的比例。

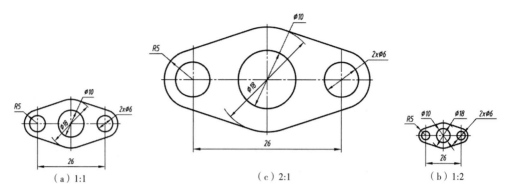

图 1-5　不同比例绘制的图形

表 1-2　标准比例系列

种　类	比	例	
原值比例	1:1		
放大比例	2:1	5:1	
	$2 \times 10^n:1$	$5 \times 10^n:1$	$1 \times 10^n:1$
缩小比例	1:2	1:5	1:10
	$1:2 \times 10^n$	$1:5 \times 10^n$	$1:1 \times 10^n$

注：n 为正整数。

在国家标准 GB/T 14690—1993 中，对比例还做了以下规定：

① 通常在表达清晰、布局合理的条件下，应尽可能选用原值比例，以便直观地了解机件的形貌。

② 绘制同一机件的各个视图应尽量采用相同的比例，并将其标注在标题栏的比例栏内。

③ 当图样中的个别视图采用了与标题栏中不相同的比例时，可在该视图名称下方或右侧标注比例。

4. 字体（GB/T 14691—1993）

字体是技术图样中的一个重要组成部分。国家标准规定了图样上汉字、字母和数字的书写规范。书写字体的基本要求与原则是：字体工整、笔画清楚、间隔均匀、排列整齐。具体规定如下。

① 汉字：汉字应写成长仿宋体字，并采用中华人民共和国国务院正式公布推行的《汉字简化方案》中规定的简化字。汉字的高度 h 不应小于 3.5 mm，其字宽一般为 $h/\sqrt{2}$。图 1-6 所示为汉字书写范例。

② 数字和字母：数字和字母可写成斜体或直体，注意全图统一。斜体字字头向右倾斜，与水平基准线成 75°。图 1-7 所示为数字和字母书写范例。

图 1-6　汉字书写范例

图 1-7　数字和字母书写范例

5. 图线（GB/T 17450—1998，GB/T 4457.4—2002）

在绘制图样时，应根据表达的需要，采用相应的线型。国家标准规定了技术制图所用图线的名称、形式、结构、标记及画法规则。它适用于各种技术图样。

① 图线的线型及应用：GB/T 17450—1998 中规定了绘制各种技术图样的 15 种基本线型。技术制图常用线型如表 1-3 所示。

表 1-3　常用的线型及应用

名　称	线　型	图线宽度	应　用
粗实线	——————	d	可见轮廓线、螺纹牙顶线、螺纹终止线
细实线	——————	约 $d/2$	尺寸线、尺寸界线、指引线、剖面线、相贯线等
细虚线	- - - - -	约 $d/2$	不可见轮廓线
细点画线	—·—·—·	约 $d/2$	中心线、对称线、齿轮的节圆线
粗点画线	—·—·—·	d	剖切平面线
细双点画线	—··—··—	约 $d/2$	假想轮廓线、极限位置轮廓线
波浪线	∼∼∼∼	约 $d/2$	断裂边界线

② 图线宽度：机械工程图样中采用两类线宽，称为粗线和细线。粗线的宽度为 d，细线的宽度约为 $d/2$。所有线型的图线宽度应按图样的复杂程度和尺寸大小在下列数系中选择（单位为 mm）：0.13，0.18，0.25，0.35，0.5，0.7，1.0，1.4，2。

③ 线型应用：各种线型的应用如图 1-8 所示。

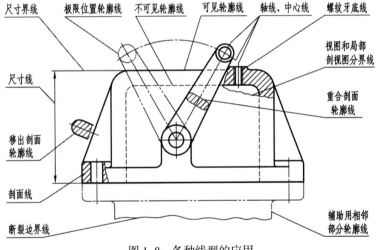

图 1-8　各种线型的应用

提示：在应用图线时应注意以下几点：① 在同一图样中，同类图线的宽度应一致；② 虚线、点画线、双点画线的线段长度和间隔应各自大致相等；③ 绘制圆的对称中心线时，圆心应为线段与线段的交点。当所绘制的圆的直径较小，绘制点画线有困难时，中心线可用细实线代替；④ 虚线、细点画线与其他图线相交时，都应交到线段处。当虚线处于粗实线交点的延长线上时，虚线与粗实线间应留有间隙；⑤ 点画线和双点画线的首末端应超出图形 2∼5mm，如图 1-9 所示。

6. 尺寸标注（GB/T 4458.4—2003）

在图样中，除需表达形体的结构形状外，还需标注尺寸，以确定形体的大小。因此，尺寸也是图样的重要组成部分。尺寸标注是否正确、合理，直接影响图样的质量。

 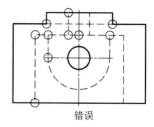

正确   错误

图 1-9　各种图线相交、相接的画法

（1）基本规则

① 图样上所标注尺寸数值为机件的真实大小，与图形的大小和绘图的准确度无关。

② 图样中（包括技术要求和其他说明）的尺寸，以毫米（mm）为单位时，不需要标注单位符号（或名称）；如采用其他单位，则必须注明相应的单位符号，如 20 cm、45° 等。

③ 机件的每一个尺寸在图样中一般只标注一次，且应标注在反映该结构最清晰的图形上。

④ 标注尺寸时，应尽可能使用符号和缩写词。常用的符号和缩写词如表 1-4 所示。

⑤ 图样中所标注的尺寸为该机件的最后完成尺寸，否则应另加说明。

⑥ 同一要素的尺寸应尽可能集中标注，如多个相同圆孔的直径。

⑦ 尽可能避免在不可见的轮廓线（虚线）上标注尺寸。

表 1-4　标注尺寸的符号及缩写词

含　义	符号及缩写	含　义	符号及缩写
直径	ϕ	正方形	□
半径	R	深度	⊤
球直径	$S\phi$	沉孔或锪平	⊔
球半径	SR	埋头孔	∨
厚度	t	弧长	⌒
均布	EQS	斜度	∠
45° 倒角	C	锥度	◁

（2）尺寸要素

① 尺寸界线：尺寸界线表示所注尺寸的起止范围，用细实线绘制，并应由图形的轮廓线、轴线或对称中心线引出。也可以直接利用轮廓线、轴线或对称中心线作为尺寸界线，如图 1-10（a）所示。尺寸界线应超出尺寸线 2～3 mm。尺寸界线一般应与尺寸线垂直，必要时才允许倾斜。

② 尺寸线：尺寸线用细实线绘制。标注线性尺寸时，尺寸线必须与所标注的线段平行，相同方向的各尺寸线之间的距离要均匀，间隔应大于 7 mm。尺寸线不能用图上的其他图线所代替，也不能与其他图线重合或在其延长线上，并应尽量避免与其他尺寸线或尺寸界线相交，图 1-10（b）所示的标注为错误注法。

③ 尺寸线终端：尺寸线终端可以有箭头和斜线两种形式，箭头适用于各种类型的图样。

提示：同一张图样中一般采用一种尺寸线终端形式。当采用箭头时，在位置不够的情况下，允许用圆点或斜线代替箭头，若尺寸线的终端采用斜线，则尺寸线与尺寸界线必须垂直。

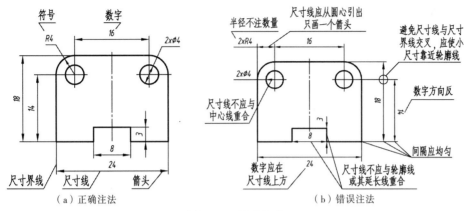

（a）正确注法　　　　　　　　　　（b）错误注法

图 1-10　尺寸注法

④ 尺寸数字：线性尺寸的数字一般标注在尺寸线的上方，也允许标注在尺寸线的中断处。线性尺寸数字的书写方向应按图 1-11（a）所示进行标注，并尽可能避免在图示 30° 范围内标注尺寸，无法避免时，可以采用引出注法，如图 1-11（b）所示。

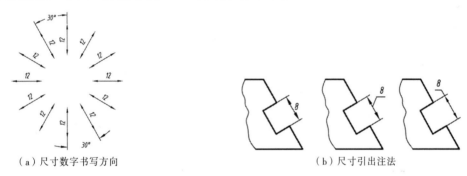

（a）尺寸数字书写方向　　　　　　　（b）尺寸引出注法

图 1-11　尺寸数字注法

提示：工程尺寸与制图尺寸：①工程尺寸，施工图中标注的、施工时作为依据的尺寸。如房屋进深、开间、墙体厚度、台阶高度尺寸等；②制图尺寸：是国家制图标准规定的、制图时必须遵守的一些尺寸。如箭头的大小、轴圈的编号等，标高符号等。

计算机绘图与手工绘图的区别：①手工绘图时，工程尺寸是（按比例，如 1:100）缩小了画的，制图尺寸是不变的。如图框格式、指北针符号直径等；②计算机绘图与手工绘图正好相反，工程尺寸标多少，就画多少（1:1，免去换算），再把制图尺寸放大相应的倍数，如 1:100，用放大的图框框住工程图样；③计算机绘图可以根据出图需要，灵活定义打印比例。

绘图分析与画法

平面图形一般由一些基本的平面几何图形组成。因此，要正确绘制一个平面图形，必须掌握平面图形的尺寸分析和线段分析方法。

1. 平面图形的尺寸分析及尺寸标准

（1）平面图形尺寸分析

按照尺寸在平面图形中所起的作用，可将平面图形的尺寸分为定形尺寸和定位尺寸两类。要想确定平面图形中线段上下、左右的相对位置，必须引入工程制图中被称为尺寸基准的概念。

① 尺寸基准：确定平面图形中尺寸位置的点、线称为尺寸基准。尺寸基准可简称基

准。一般以图形的对称中心线、圆心和轮廓直线等作为基准。一个平面图形至少有两个尺寸基准，以直角坐标或极坐标方式标注，如图 1-12 所示。

② 定形尺寸：确定平面图形形状和大小的尺寸称为定形尺寸。如图 1-12 所示，定形尺寸用来确定以直线围成的图形的形状和大小，尺寸 R、ϕ、α 用来确定圆弧、圆的形状及大小。

图 1-12 中，图（a）和图（b）以轮廓直线为基准；图（c）以两条对称中心线为基准；图（d）以圆的对称中心线为基准；图（e）以对称中心线和水平方向轮廓直线为基准；图（f）以水平轮廓直线和圆心为基准。

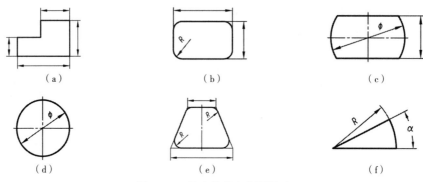

图 1-12　尺寸基准和定形尺寸

③ 定位尺寸：确定平面图形各部分之间相对位置的尺寸称为定位尺寸。两个图形之间一般在两个方向上分别标注两个定位尺寸。

如图 1-13 所示，图（a）中圆相对轮廓图形间的定位尺寸是 L_1 和 H_1，长方形相对轮廓图形间的定位尺寸是 L_2 和 H_2；图（b）中圆的定位尺寸是 α 和 R；图（c）中圆位于外轮廓图形的上下方向的对称中心线上，故仅标注一个定位尺寸 L_1；图（d）中 4 个直径相同的均匀分布的圆，只需标注一个定位尺寸 ϕ；图（e）和图（f）中两个图形的对称中心线重合，定位尺寸不标。

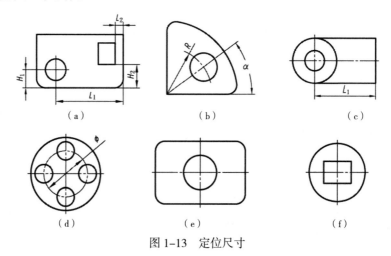

图 1-13　定位尺寸

（2）平面图形尺寸标注的要求

标注平面图形的尺寸时，要求做到正确、完整。正确是指应符合国家标准的规定；完整是指尺寸不多余、不遗漏。利用所注全部尺寸能绘制出整个图形时，尺寸标注就是完整的。若已标的所有尺寸尚不能绘制出图形中的某些形状，则尺寸有遗漏。图中用不上的尺寸是多余尺寸，如图 1-14 所示的尺寸 *L*、*M*、*S* 是多余尺寸。

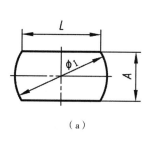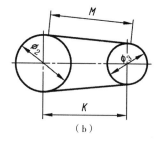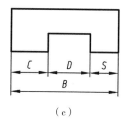

（a）　　　　　　　　　（b）　　　　　　　　　（c）

图 1-14　多余尺寸示例

2. 平面图形的线段分析

平面图形是根据给定的尺寸绘制而成的，图形中常见的有直线、圆弧和圆，通常可按所标注的定位尺寸数量将其分为 3 类：已知线段、中间线段和连接线段。

① 已知线段：定形尺寸和定位尺寸均给出，可直接画出的线段和圆弧。

② 中间线段：只有定形尺寸，定位尺寸不全，需要根据与其他线段或圆弧的连接关系画出的线段或圆弧。

③ 连接线段：只有定形尺寸，没有定位尺寸，只能在已知线段和中间线段画出后，根据连接关系画出的线段或圆弧。

提示：平面图形线段分析的目的是：检查尺寸是否多余或遗漏；确定平面图形中线段的作图顺序。

图 1-15 所示为平面图形线段分析的实例（尺寸单位为 mm）。

图中，$\phi25$ 和 $\phi14$ 的圆，其圆心位置由尺寸 92 和 52 直接确定，是已知线段，由尺寸 92、52 和 22 确定的两条直线和一条水平线也是已知线段，都可直接画出。

$R50$、$R32$ 的圆弧，只直接注出尺寸 6，其圆心位置需通过与 $\phi25$ 圆的相切关系求出，是中间线段，标注角度尺寸 45° 的倾斜直线也是中间线段，需根据与 $\phi25$ 圆的相切关系画出。

$R18$、$R12$、$R8$ 的圆弧，其圆心位置均无定位尺寸，需通过与 $R50$ 的弧和直线连接关系求出，是连接线段，最后画出。因此画图顺序是先画已知线段，次画中间线段，最后画连接线段。

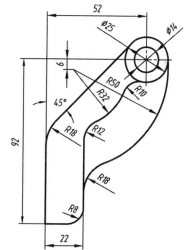

图 1-15　线段分析

3. 平面图形的绘图步骤

利用尺规绘制平面图形的步骤如下（见图 1-16）：

① 根据图形大小定比例及图纸幅面。

② 在图板上用胶带纸固定图纸。

③ 根据图中所给尺寸，用细实线画底稿。先确定基准，然后绘制已知线段，接着绘制中间线段，最后绘制连接线段。

④ 标注尺寸。

⑤ 检查和描深。检查图形无误后，擦除多余线，先描深圆及圆弧，后描深直线。

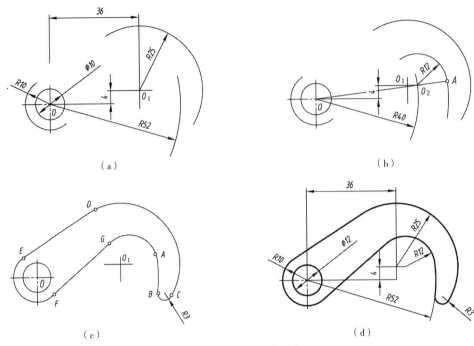

（a）　　　　　　　　　　（b）

（c）　　　　　　　　　　（d）

图 1-16　平面图形绘图步骤

⑥ 填写标题栏，完成全图。

4. 平面图形的尺寸标注

（1）平面图形尺寸标注方法

平面图形尺寸标注一般采用图形分解法，即：

① 将平面图形分解为一个基本图形和几个子图形。

② 确定基本图形的尺寸基准。

③ 标注定形尺寸。

④ 确定各子图形的基准，标注定位尺寸。

（2）平面图形尺寸标注分析

标注图 1-17 所示平面图形的尺寸（尺寸单位为 mm）。

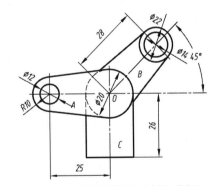

图 1-17　平面图形尺寸标注分析

① 首先将平面图形分解为基本图形 A 和子图形 B 及 C。

② 基本图形 A 的尺寸基准是水平和垂直方向的细点画线，定位尺寸是 25，定形尺寸为 $\phi20$、$\phi12$、$R10$。

③ 子图形 B 的基准是倾斜方向的细点画线和圆心 O，定位尺寸是 45° 和 28，定形尺寸为 $\phi14$ 和 $\phi22$。

④ 因为子图形 C 的基准与基本图形 A 一致，故定位尺寸省略，定形尺寸为 26，因其与 $\phi20$ 的圆相切，故按规定长度不标注。

（3）平面图形尺寸标注示例

图 1-18 所示为一些常见平面图形的标注示例。

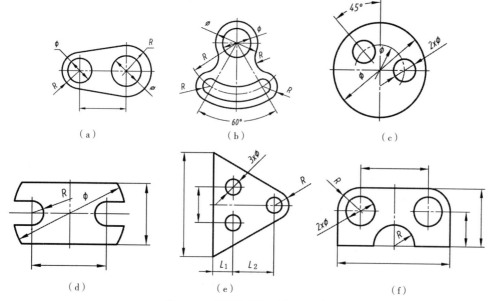

图 1-18 平面图形尺寸标注示例

（4）平面图形尺寸标注要注意的问题

要做到正确、完整地标注平面图形尺寸，必须通过反复实践和理解，掌握规律。有些尺寸注法容易出错，应当引起注意。

① 不标注交线、切线的长度尺寸。图 1-19 所示的尺寸 *B*、*C* 及图 1-14（b）中的尺寸 *M* 都不应标注。

② 不要标注成封闭尺寸。图 1-20 中的尺寸 10 及图 1-14（c）中的尺寸 *S*。

③ 总长和总宽尺寸的处理。当遇到图形的一端或两端为圆和圆弧时，往往不标注总尺寸，如图 1-21 所示。

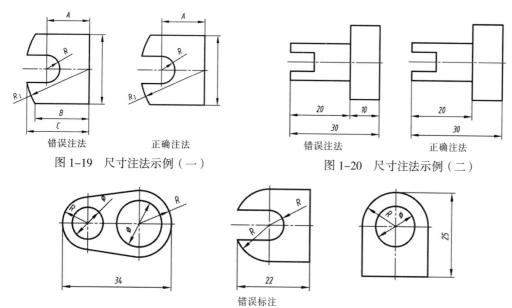

图 1-19 尺寸注法示例（一）

图 1-20 尺寸注法示例（二）

图 1-21 尺寸注法示例（三）

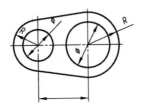 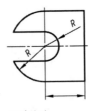 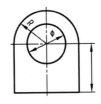

正确注法

图 1-21　尺寸注法示例（三）（续）

习　　题

1. 机械图样上常用哪几种图线形式？
2. 试列举一些常用的尺寸标注的符号和缩写词。
3. 尺寸标注有哪些基本规则？
4. 按照尺寸在平面图形中所起的作用，可将平面图形的尺寸进行怎样的分类？
5. 为什么要进行平面图形的尺寸分析和线段分析？
6. 试述平面图形中的线段分类及绘制平面图形的大致步骤。

实训二 认识 AutoCAD

实训内容

了解 CAD 软件的概念和种类，熟悉 AutoCAD 的操作界面，初步认识绘图方法、技巧和绘图注意事项。

实训要点

熟悉 AutoCAD 2018 的操作界面，掌握坐标输入方法和滚轮鼠标的使用技法。

体会专业知识、专业背景与 CAD 绘图的关系。注重培养分析问题和解决问题的能力，培养认真负责的工作态度和严谨细致的工作作风。

初步认识利用计算机绘制图样的方法和技巧。

建议：学习中经常回顾本实训内容。

知识准备

在生产和科学研究中，设计者用图样表达设计的产品，制造者从图样了解产品的设计要求并制造产品，图样还被用来进行技术交流，以及产品的检验与维修。因此，图样是设计的成果、制造与检验维修的依据、交流的工具。生产实践与科学研究都离不开图样，它是工程界的技术语言。

CAD 是工程技术人员以计算机为工具，对产品和工程进行设计、绘图、造型、分析和编写技术文档等设计活动总称的缩写。本课程主要学习使用 AutoCAD 2018 软件实现图样的绘制与管理。

1. CAD 概述

CAD（Computer Aided Design，计算机辅助设计），其概念和内涵正在不断发展中。1972年 10 月，国际信息处理联合会（IFIP）在荷兰召开的"关于 CAD 原理的工作会议"上给出如下定义：CAD 是一种技术，其中人与计算机结合为一个问题求解组，紧密配合，发挥各自所长，从而使其工作优于每一方，并为应用多学科方法的综合性协作提供了可能。

根据模型的不同，CAD 系统一般分为二维 CAD 系统和三维 CAD 系统。二维 CAD 系统一般将产品和工程设计图纸看成是"点、线、圆、弧、文本"等几何元素的集合，系统内表达的任何设计都变成了几何图形，所依赖的数学模型是几何模型，系统记录了这些图素的几何特征。二维 CAD 系统一般由图形的输入与编辑、硬件接口、数据接口和二次开发工具等几部分组成。

三维 CAD 系统的核心是产品的三维模型。三维模型是在计算机中将产品的实际形状表示成为三维模型，模型中包括了产品几何结构的有关点、线、面、体的各种信息。计算机三维模型的描述经历了从线框模型、表面模型到实体模型的发展，所表达的几何体信息越来越完整和准确，能"设计"的范围越来越广。由于三维 CAD 系统的模型包含了更多的实际结构特征，使用户在采用三维 CAD 造型工具进行产品结构设计时，更能反映实际产品的构造或加工制造过程。目前，三维 CAD 系统已经成为企业进行产品创新设计的主流工具。

CAD 系统广泛应用于机械、电子、汽车、航空航天、模具、仪表和轻工等制造行业。常见的 AutoCAD、Pro/E、3ds Max、Protel、PADS 等都属于 CAD 的范畴。对于产品或工程的设计，借助 CAD 技术，可以大大缩短设计周期，提高设计效率。

2. AutoCAD 发展历程

AutoCAD 是由美国 Autodesk 公司于 20 世纪 80 年代初为在计算机上应用 CAD 技术而开发的绘图程序软件包，经过不断的完善，现已成为国际上广为流行的绘图工具。

AutoCAD 可以绘制任意二维和三维图形，同传统的手工绘图相比，使用 AutoCAD 绘图速度更快、精度更高、更便于个性化，它已经在航空航天、造船、建筑、机械、电子、化工、美工和轻纺等很多领域得到了广泛应用，并取得了丰硕的成果和巨大的经济效益。

AutoCAD 具有良好的用户界面，通过交互菜单或命令行方式便可以进行各种操作。它的多文档设计环境，让非计算机专业人员也能很快地学会使用，在不断实践的过程中更好地掌握它的各种应用和开发技巧，从而不断提高工作效率。

AutoCAD 具有广泛的通用性、易用性，适用于各类用户。此外，从 AutoCAD 2000 开始，该系统又增添了许多强大的功能，如 AutoCAD 设计中心（ADC）、多文档设计环境（MDE）、Internet 驱动、新的对象捕捉功能、增强的标注功能，以及局部打开和局部加载的功能，从而使 AutoCAD 系统更加完善。

AutoCAD 的发展过程可分为初级阶段、发展阶段、高级发展阶段、完善阶段和进一步完善阶段 5 个阶段。

① 初级阶段（1982 年 11 月～1984 年 10 月）。

② 发展阶段（1985 年 5 月～1987 年 9 月）。

③ 高级发展阶段，AutoCAD 经历了 3 个版本，使 AutoCAD 的高级协助设计功能逐步完善。

④ 在完善阶段中，AutoCAD 经历了 3 个版本，逐步由 DOS 平台转向 Windows 平台。

⑤ 在进一步完善阶段中，AutoCAD 又发展了多个版本。特别值得一提的是，2003 年 5 月，Autodesk 公司在北京正式宣布推出其 AutoCAD 软件的划时代版本——AutoCAD 2004 简体中文版，AutoCAD 2004 与前面版本相比，在速度、数据共享和软件管理方面有显著的改进和提高。此后，每年都有新版本面世，功能不断加强，并且，在软件"帮助"中专门设有"新功能专题研习"，极大地方便了用户学习使用 AutoCAD 的新增功能。

3. 国产 CAD 软件发展历程

国产 CAD 软件是指由我国自主研发的 CAD 软件产品，目前市场上的国产 CAD 软件有中望 CAD+、浩辰 CAD、纬衡 CAD 等多款产品。

中国 CAD 技术起源于国外 CAD 平台技术基础上的二次开发，随着中国企业对 CAD 应用需求的提升，国内众多 CAD 技术开发商纷纷通过开发基于国外平台软件的二次开发产品让国内企业真正普及了 CAD，并逐渐涌现出一批真正优秀的 CAD 开发商。

在二次开发的基础上，部分顶尖的国内 CAD 开发商也逐渐探索出适合中国发展和需求模式的 CAD，更加符合国内企业使用的 CAD 产品，他们的目的是开发最好的 CAD，甚至是为全球提供最优的 CAD 技术。

除了提供优秀的 CAD 平台软件技术以外，众多国产 CAD 二次开发商联合组成国产 CAD 联盟，更是极大促进了国产 CAD 软件的发展壮大，为中国企业提供真正适合中国国情及应用需求的 CAD 解决方案。

4. 课程学习方法

目前社会上有大量的各式各样的学习材料，为我们学习掌握 AutoCAD 的使用提供了极大的帮助。但这些材料有一个共同点，即通过讲解命令和命令参数来讲解 AutoCAD 的使用，普通学习者难免出现学的时候明白、用的时候不知所措的情况。本教程中，我们以绘图分析为切入点，力求通过典型例题，分析绘图方法，讲解命令使用，进而掌握 AutoCAD 使用。

5. 与初学者共勉

① "学过"不等于"能画"，"能画"不等于"熟练"，"熟练"不等于"专业"。

② 多看、多学、多交流。同时，善用软件联机帮助（按【F1】键）。

③ AutoCAD 是一个中性的绘图软件，只要数据齐全，可以绘制建筑或机械等各类图形。

④ 不要试图用肉眼精确绘图，要充分使用 AutoCAD 的绘图功能。

⑤ 专精重于广学。AutoCAD 有很多命令，每个命令又有很多参数，但不必精深掌握每个命令。结合自己的工作和自己的绘图习惯，重点掌握必需的命令，学精、用精，往往会事半功倍。

6. 滚轮鼠标的使用技法

滚轮鼠标的使用技法如表 2-1 及图 2-1 所示。

表 2-1　鼠标的操作键及使用方法

操　作　键	操作方法及功能	
左键	单击或按住左键拖动	选择图形对象
	双击	进入对象特性修改对话框
右键	绘图区→快捷菜单或按【Enter】键。选择"选项"→"用户系统配置"→自定义右键单击设置其功能，如图 2-1 所示。	
	1. 默认模式：没有选定对象时→快捷菜单	
	2. 编辑模式：选定对象时→快捷菜单	
	3. 命令模式：正在执行命令时→快捷菜单	
中间滚轮	向前或向后滚动轮子	实时缩放→推远或拉近
	按住轮子不放和拖曳	实时平移
	双击	Zoom→E 缩放或实际范围
	【Shift】+按住轮子不放和拖曳	垂直或水平地实时平移
	【Ctrl】+按住轮子不放和拖曳	随意实时平移
【Shift】+右键	对象捕捉快捷菜单	

7. AutoCAD 命令输入方法

AutoCAD 有多种命令输入方法，用户可以根据自己的操作习惯和绘图时的操作需要灵活选用。常用命令输入方法有以下几种：

① 在命令行输入命令或使用命令选项。

② 在选项卡功能区中点选命令按钮发布命令。

③ 通过下拉菜单选择命令。

④ 通过右键快捷菜单输入命令。

⑤ 按空格键或【Enter】键，重复调用刚刚使用过的命令。

⑥ 使用透明命令。

图 2-1　自定义鼠标右键

8. 动态输入

"动态输入"是在 AutoCAD 2006 版本以后新增的一项功能。"动态输入"在光标附近提供了一个命令界面，可以帮助用户更专注于绘图区域。

单击状态栏上的█按钮可以打开或关闭"动态输入"状态，在█（动态输入）按钮上右击，在弹出的菜单中选择"动态输入设置"，弹出"草图设置"→"动态输入"对话框，在此对话框中可以控制启用"动态输入"时每个组件所显示的内容。

9. 退出命令

AutoCAD 在执行命令过程中，输入某些命令后，命令行会直接回到无命令状态，等待用户输入下一个命令；而有的命令需要用户执行退出操作才能返回等待下一个命令的状态，否则一直响应用户的操作。

常用的退出方法有两种，一种是键盘操作，如使用【Enter】键或【Esc】键；另一种方法是使用屏幕快捷菜单，右击鼠标后，在弹出的屏幕快捷菜单中选择退出。

10. 使用 AutoCAD 联机帮助和教程

AutoCAD 中文版的帮助系统中，包含有关如何使用此程序的完整信息，这个帮助系统是一个关于本软件最完整的电子版手册。学会有效地使用帮助系统，在面对疑难问题时就可以从容应对、有条不紊。

启动 AutoCAD 2018 帮助后，系统会弹出一个"AutoCAD 2018 帮助"窗口，包括一系列视频、交互式动画、教程和简短说明，帮助用户了解所用软件版本的各项功能。绘图过程中，可通过单击菜单栏上的"帮助"，弹出有关帮助的相关项目，随时查看帮助，释疑解惑。在"帮助"窗口中，可以在"主页"页面选取帮助项的视频或关键字，也可以通过搜索查找帮助主题。左侧窗格上方的选项卡提供了多种查看所需主题的方法。右侧窗格中显示所选的主题。图 2-2 所示为 AutoCAD 2018 帮助主界面。

图 2-2　"AutoCAD 2018 帮助"窗口

提示：绘图过程中可按【F1】键，打开"AutoCAD 2018-帮助"。当选中某个命令时按下【F1】键，AutoCAD 将直接显示该命令的帮助信息。

操作步骤

1. 启动 AutoCAD 2018

AutoCAD 2018 安装完成后，会在桌面生成快捷图标 A，同时"开始"菜单中也会自动添加 AutoCAD 2018 命令。双击桌面快捷图标即可快速启动 AutoCAD 2018，双击已有的 AutoCAD 文档，也可以启动 AutoCAD 2018。

（1）工作空间

AutoCAD 2018 有 3 种工作空间模式，"草图与注释"、"三维基础"和"三维建模"。可在状态栏中单击"切换工作空间"按钮，在弹出的菜单中选择需要的工作空间模式进行切换，如图 2-3 所示。

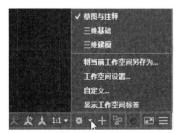

图 2-3　切换工作空间

AutoCAD 2018 软件非常人性化，提供了两种屏幕界面，以满足不同绘图员的使用习惯。开机默认显示界面只有选项卡和功能面板区，不显示菜单栏。对于初学者或习惯使用菜单的用户来说，可单击"快速访问工具栏"右侧的小三角 ▼，在弹出的列表中单击"显示菜单栏"，将菜单栏显示在标题栏下方，如图 2-4 所示。

（a）显示/隐藏菜单栏

（b）只显示"选项卡功能区"的操作界面

图 2-4　定制选项卡功能区和菜单栏

（c）同时显示"菜单"和"选项卡功能区"的操作界面

图 2-4　定制选项卡功能区和菜单栏（续）

（2）"草图与注释空间"界面介绍

启动 AutoCAD 2018 后将进入 AutoCAD 默认的工作界面，如图 2-5 所示。这个界面与我们以前所接触过的其他 Windows 应用程序界面非常相似，有标题栏、快速访问工具栏、选项卡、功能区、工作区、底部提示区、状态栏等组成部分，它们的操作方法也相似。

在使用 AutoCAD 2018 的过程中需要注意以下几点：

① AutoCAD 没有明显的页面概念，其工作区域可以看作是一个无边界限制的大图纸，可以在上面绘制任意大小的图形。根据绘图需要或个人操作习惯，也可以在绘图前先指定绘图边界。

② 模型空间与图纸空间。在绘图区域下方，可以看到"模型"和"布局"两个按钮，分别用于激活"模型空间"和"图纸空间"，并显示在屏幕最下方的状态栏中。

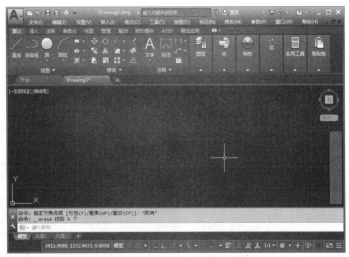

图 2-5　AutoCAD 2018 软件界面

"模型空间"是绘制与编辑图样的空间，是完成图样设计的地方。"模型空间"中的对象即绘制的实物（1∶1 绘图），比如一个零件、一栋大楼。虽然这些实物还只是个模型，但它反映了真正的对象，所以形象地叫作"模型空间"。

"图纸空间"是针对图纸布局而言的，是模拟图纸的平面空间，其最终的目的是用于打印出最后效果图。在图纸上可放置或大或小的图形对象，图纸与实物最简单的区别就是比例。从图纸空间到真正的图纸是 1∶1 打印。

③ 在操作界面下方有一个命令窗口，如图 2-6 所示，用于通过键盘输入命令或命令参数绘制图形。使用鼠标滚轮，可以滚动显示前面做过的操作。这个命令窗口也可以成为浮动窗口，放置在屏幕的任意位置。

图 2-6　界面下方的命令行和文本窗口

提示：默认情况下，浮动命令行以单行显示，可以按下【F2】键或浮动命令行右侧的弹出按钮来显示更多行的命令历史记录，按【Ctrl】+【F2】组合键可显示历史记录窗口。

④ 在 AutoCAD 2018 界面底部是状态栏，通过单击屏幕右下角"自定义"按钮，弹出状态栏项目列表，勾选列表选项，可定义显示在屏幕底部状态栏中的功能按钮，如图 2-7 所示。左侧区域显示光标位置或提示当前正在进行的操作，中部有"捕捉"、"正交"、"对象追踪"等按钮，可以通过单击相应的按钮，控制这些功能的启动与关闭，以便更好的配合绘图工作；也可以单击按钮右侧的小三角，打开"草图设置"对话框，对按钮功能进行更多项目的设置。（更多"草图设置"相关内容，参考实训五）。状态栏右侧是"图形状态栏"、"切换工作空间"、"自定义"按钮等。

⑤ AutoCAD 命令非常多，按照操作对象和操作特点的不同，AutoCAD 2018 将它们分类放置在不同的菜单中或选项卡功能面板区中，默认状态下，在"草图和注释"空间中，"功能区"选项板有 10 个选项卡，包含"默认"、"插入"、"注释"、"参数化"、"视图"、"管理"、"输出"等，每个选项卡包含若干个功能面板，每个功能面板又包含许多由相应图标表示的命令按钮。如果某个面板中没有足够的空间显示所有的命令按钮，单击该面板下方的三角按钮▼，此时可展开折叠区域，显示隐藏的相关命令按钮，如图 2-8 所示。

图 2-7　界面底部的状态栏及自定义菜单

图 2-8　定制选项卡功能区面板

AutoCAD 的各个选项卡是否显示是可以设置的。在功能区右击，弹出快捷菜单，选择"显示选项卡"，在打开的下级菜单中勾选各个选项卡前的复选框，可以指定要显示的选项卡。同样，AutoCAD 的各个选项卡中的面板是否显示也是可以设置的，在功能区右击，弹出快捷菜单，选择"显示面板"，在打开的下级菜单勾选各个面板前的复选框，可以指定要显示的面板。

提示：单击选项卡右边的 按钮，可以展开或收拢功能区。第一次单击，最小化为面板按钮，第二次单击，最小化为面板标题，第三次单击，最小化为选项卡，第四次单击，显示完整的功能区。

⑥ AutoCAD 对鼠标及鼠标操作要求较高，同时也不能脱离键盘操作，使用键盘可以更全面、快捷的定义绘图参数和调用绘图命令。

提示：由于 AutoCAD 命令或命令参数较多，因此建议在操作过程中善用鼠标右键。无论在何时、在何处单击鼠标右键，系统都会弹出与当前位置、当前操作相关联的快捷菜单，通过选取菜单命令，可以快速进行后续操作。

（3）创建一张新图

启动 AutoCAD 2018 后，系统默认创建一个图形文件，此时可以直接在绘图区进行新图形的绘制。此外，用户也可以自行创建新的图形文件。

创建一个新的图形有多种方法，如单击"新建"按钮 ，即可弹出图 2-9 所示的"选择样板"对话框。

① 在该对话框中间的列表框中显示了 AutoCAD 所预设的样板文件，用户可以根据自己的需要，选择合适的样板。选中某样板时，右侧的"预览"窗口会显示出该样板的预览图像。

② 单击"打开"按钮，即可在该样板的基础上创建一个新的图形文件。以此方式创建的文件中含有预先定制好的一些格式，如图层、线型等。

③ 如果不想套用已有格式的样板文件，在打开文件时，可选择"打开"下拉列表中的"无样板打开-公制（M）"选项，如图 2-9 所示。

④ 用户可以根据自己的绘图需要，自行定制绘图样板文件并保存（.dwt 文件）。

⑤ 新创建的图形文件名称为 Drawing1.dwg，之后的新文件按序号顺序排列。保存文件时，应按照工作需要将文件重新命名，然后保存在自己的图形文件夹中。

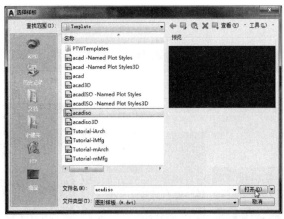

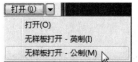

图 2-9 "选择样板"对话框

（4）退出 AutoCAD 2018

单击绘图窗口或软件窗口的"关闭"按钮 ，可以关闭图形文件或退出 AutoCAD 2018。

图 2-10 关闭图形文件对话框

执行关闭命令后，如果当前图形没有保存，系统将弹出 AutoCAD 警告对话框，询问是否保存文件，如图 2-10 所示。此时，单击"是"按钮或直接按回车键，可以保存当前图形文件并将其关闭；单击"否"按钮，可以关闭当前图形文件但不保存；单击"取消"按钮，可以取消关闭当前图形文件，即不保存也不关闭图形文件，系统返回图形编辑界面。

2．AutoCAD 坐标系统与坐标输入方法

AutoCAD 软件的优势之一就是能够快速、精确地绘图。绘图时，AutoCAD 是通过坐标系在图形中确定点的位置来达到精确绘图的。所以要想精确绘图，就需要了解 AutoCAD 的坐标系。

（1）世界坐标系（WCS）

AutoCAD 采用三维笛卡儿坐标系统来确定点的位置。在笛卡儿坐标系中，沿 X 轴正方向为水平正增量方向，沿 Y 轴正方向为竖直正增量方向，垂直于 XY 平面，沿 Z 轴从 XY 平面向外，指向用户为 Z 轴正增量方向。这一套坐标系统称为世界坐标系统（WCS）。

世界坐标系是默认坐标系统，它的坐标原点和坐标轴方向都不会改变。它的坐标原点在绘图区的左下角，其上有一个方框标记，表明是世界坐标系统，如图 2-11（a）所示。

提示：平时我们更多的是在二维空间绘图，即在 XY 平面上绘图。这时我们只要输入 X 轴、Y 轴坐标即可，Z 轴坐标由系统自动赋值为 0。

（2）用户坐标系（UCS）

AutoCAD 为了方便用户绘图，允许用户根据需要创建相对于 WCS 的坐标系，这些坐标系称为用户坐标系（UCS）。在默认情况下，用户坐标系和世界坐标系重合，用户可以在绘图过程中根据具体需要来定义 UCS。通常 UCS 图标显示在 UCS 原点或当前视口的左下角位置。UCS 图标原点没有方框标记，如图 2-11（b）所示。

用户除了可以使用直角坐标系外，还可以使用极坐标系。在极坐标系中，一个点是由该点相对于其他点的距离，以及该距离与当前坐标系的 X 轴所成的角度这两个数值来决定的。

提示：在绘制三维图形时，灵活定义用户坐标系，会极大地方便绘图。

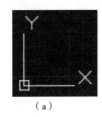
（a）

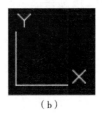
（b）

图 2-11　WCS 图标和 UCS 图标

（3）坐标输入方法

绘制图形时，如何精确地输入点的坐标是绘图的关键。AutoCAD 绘图可以使用以下几种方法输入点的坐标，指定点的位置，如图 2-12 所示。

① 绝对直角坐标：绝对直角坐标（简称绝对坐标）通过点到二维坐标系中的两个互相垂直的坐标轴的距离来确定点的位置。在三维直角坐标系中，则是通过点到 3 个互相正交的平面的距离来确定点的位置。点的位置的坐标表达形式为（X,Y）或（X,Y,Z）。坐标轴的交点为坐标原点，其坐标值为（0,0）或（0,0,0）。

② 相对直角坐标：相对直角坐标（简称相对坐标）通过某个相对固定的点到某个相对点的相对距离来确定点的位置。用相对直角坐标设置的点，与上一个指定的位置或点有关，与坐标系的原点无关。它类似于将指定点作为上一个输入点的偏移。点的位置的坐标表达形式为（@X,Y）或（@X,Y,Z）。

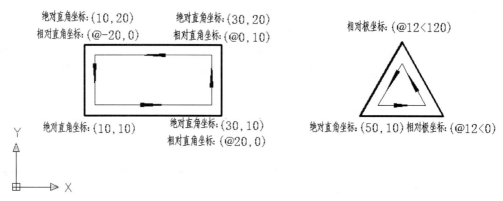

图 2-12　坐标的输入方法

提示：要重点练习和体会相对坐标的使用方法。通常情况下，绘图中常把上一操作点看作特定点，后续绘图操作实际上就是相对于上一操作点而进行的，如图 2-12 所示。

③ 绝对极坐标：绝对极坐标是通过相对于极点的距离和角度来定义的。在系统默认情况下，AutoCAD 以逆时针来测量角度，水平向右为 0°（或 360°），垂直向上为 90°，水平向左为 180°，垂直向下为 270°。同时，系统也支持用户自行定义角度方向。绝对极坐标以原点为极点，点的位置的坐标表达形式为（X<Y）。

④ 相对极坐标：相对极坐标通过点到相对固定的点的极长距离和极角来表示。相对极坐标是以上一操作点（也就是相对固定点）为极点，而不是以原点为极点。点的位置的坐标表达形式为（@X<Y）。

3. AutoCAD 命令的基本操作方法

下面，以绘制图 2-12 所示的矩形和三角形为例，讲解 AutoCAD 命令的基本操作方法。

（1）绘制矩形

① 单击"直线"按钮 ，命令行出现提示：

```
命令: _line
  ▾ LINE 指定第一个点:
```

② 输入第一点坐标（10,10）：

```
命令: _line
  ▾ LINE 指定第一个点: 10,10
```

③ 然后依次输入第 2、第 3、第 4、第 5 点（与第一点重合）的坐标，得到图 2-12 所示的矩形。

```
指定下一点或 [放弃(U)]: 30,10
指定下一点或 [放弃(U)]: 30,20
指定下一点或 [闭合(C)/放弃(U)]: 10,20
指定下一点或 [闭合(C)/放弃(U)]: 10,10
指定下一点或 [闭合(C)/放弃(U)]:
```

（2）绘制三角形

① 单击"直线"按钮 ，命令行出现提示：

```
命令: _line
     ▼ LINE 指定第一个点:
```

② 输入第一点坐标（50,10）：

```
命令: _line
     ▼ LINE 指定第一个点: 50,10
```

③ 然后依次输入第 2、第 3 点坐标，并闭合图形，得到如图 2-12 所示的三角形。

```
指定下一点或 [放弃(U)]: @12<0
指定下一点或 [放弃(U)]: @12<120
指定下一点或 [闭合(C)/放弃(U)]: c
```

提示：在绘制上述图形时，由于启动 AutoCAD 系统后，默认开启"动态输入"和"相对坐标"。因此直接输入坐标，输入的是相对坐标，不是绝对坐标，相当于在绝对坐标情况下自动加了一个@。开始练习时，建议关闭 ▦（动态输入）功能，使用命令行输入，结合文本窗提示信息，体会命令的执行过程。

4. 开启"动态输入"功能

"动态输入"有 3 个组件：指针输入、标注输入和动态提示。开启"动态输入"功能后，在光标附近提供了一个提示工具栏，可以直接在该栏显示相关信息，比如输入的数据，移动的距离、角度等，该信息会随着光标移动而动态更新。

（1）打开和关闭"动态输入"功能

单击状态栏上的 ▦ 按钮可以打开和关闭"动态输入"功能，按【F12】键可以临时将其关闭。

（2）设置"动态输入"功能

在"草图设置"对话框中的"动态输入"选项卡中，可对"指针输入"、"标注输入"、"动态提示"进行设置，如图 2-13 所示。

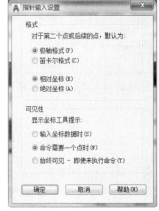

图 2-13 设置动态输入功能

① 指针输入：启用"指针输入"功能后，十字光标的位置将在光标附近的提示工具栏中显示为坐标。绘图时，可以在提示工具栏中直接输入坐标，而不用在命令行中输入，

并且输入第 2 点和后续点的坐标时，默认设置为相对坐标，不再需要输入@符号。如果需要使用绝对坐标，则应加注#符号作为前缀。例如，要将对象移到原点，应在提示输入第 2 点时输入（#0,0）。

② 标注输入：启用"标注输入"功能时，当命令提示输入第 2 点时，提示工具栏将显示距离和角度值，提示工具栏中的值将随着光标的移动而改变，按【Tab】键可以移动到要更改的值。"标注输入"可用于 Arc、Circle、Ellipse、Line 和 Pline 等命令。

③ 动态提示：启用"动态提示"功能时，提示信息会显示在光标附近的提示工具栏中。用户可以在提示工具栏（而不是在命令行）中输入相应命令。按下箭头键↓可以查看和选择相应选项，按上箭头键↑可以显示最近的输入。

实训 2-
定制个性化
绘图环境

5. 基本绘图环境的设置

为了方便操作，或者为了提高绘图效率等，经常要对 AutoCAD 默认的绘图环境做一些个性化定制，使其能够更适合于个人或团队的绘图习惯和要求。绘图环境主要包括绘图界限、绘图单位、各种参数、工具栏设置和图层控制等。选择"格式"菜单和"工具"菜单中的相关命令，可以进行绘图环境的设置。

下面通过设置屏幕背景颜色，说明其操作方法（其余设置在后续相关绘图中进行说明）。

① 选择"工具"→"选项"命令，弹出"选项"对话框，如图 2-14 所示。

② 选择"显示"选项卡，在"窗口元素"选项区域单击"颜色"按钮，弹出图 2-15 所示的"图形窗口颜色"对话框。

③ 在"图形窗口颜色"对话框中，打开"颜色"下拉列表框，选择"白色"选项。然后单击"应用并关闭"按钮，完成设置。

图 2-14　"选项"对话框

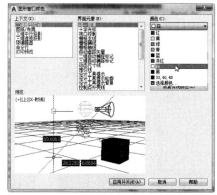

图 2-15　"图形窗口颜色"对话框

习　题

1. 简述 AutoCAD 系统的基本功能。

2. 调用命令的方法有哪几种？

3. 新建文件的方法有哪几种？

4. 查询 AutoCAD 联机帮助，参考下列格式归纳整理状态栏中各按钮的功能，如表 2-2 所示。

表2-2 练习格式

	功 能	调用方法	设置方法
对象捕捉	① 使用"对象捕捉"功能可指定对象的精确位置。例如，使用"对象捕捉"功能可以绘制到圆心或多段线中点的直线 ② 无论何时提示输入点，都可以指定对象捕捉	① 按住【Shift】键并右击，弹出"对象捕捉"快捷菜单 ② 单击"对象捕捉"工具栏上的"对象捕捉"按钮	① 选择"工具"→"草图设置"命令 ② 在"草图设置"对话框中的"对象捕捉"选项卡中，选择要使用的对象捕捉 ③ 单击"确定"按钮

5. 启动 AutoCAD 2018，熟悉其界面环境，绘制界面草图。

6. 使用不同的坐标输入方法，分别绘制横放、竖放，有装订边、无装订边图纸 A4 页面图框。

实训三 常用二维绘图命令（一）

实训内容

通过典型范例学习点、线、圆和弧的绘制方法，掌握创建简单二维图形对象的方法，并理解各种图形对象的特点；训练读者分析复杂图形图素构成的能力。

实训要点

体会 AutoCAD 的操作特点，掌握绘制点、线、圆和弧命令的使用技法。

体会绘图分析与 CAD 绘图的关系（几何知识很重要）；体会绘图分析在绘图过程中的重要性。

知识准备

每一个 AutoCAD 图形都是由若干基本图形对象组成的，比如在绘制篮球场地图时，就用到了直线、圆、弧等基本图形对象。大多数命令都提供了几种不同的使用方法，可以根据已知条件和绘图需要，灵活运用。例如，在绘制圆弧时，AutoCAD 提供了 11 种不同的绘图选项组合，方便用户根据不同的情况灵活选用。

1. 绘制点

点是组成 AutoCAD 图形的最基本的元素之一。点可以作为实体进行绘制和编辑，具有各种实体属性。点分为单点、多点和等分点等，可通过菜单栏选择"绘图"→"点"命令进行绘制，如图 3-1 所示。

图 3-1　通过菜单栏调用绘点命令

提示：绘制点时，若点的外观样式不可显示或对显示形式不满意，可对点样式进行设置。选择"格式"→"点样式"命令，弹出"点样式"对话框，在该对话框中对点的显示样式进行设置。

2. 绘制直线

直线是图形中最常见、最简单的实体。AutoCAD 可根据需要绘制有限长和无限长等不同形式的直线。

（1）使用"直线"命令（Line）创建直线段

使用"直线"命令（Line）可以创建始于起点止于端点的直线段。绘图时，一次可以绘制一条线段，也可以连续绘制多条首尾相接的线段，其中每一条线段彼此都是相互独立的，可单独进行编辑。

　　① 通过菜单栏调用命令：选择"绘图"→"直线"命令。

　　② 通过功能面板快捷按钮调用命令：单击"默认"选项卡"绘图"功能面板中的"直线"按钮✎。

　　③ 通过命令行输入命令：在命令行输入命令"Line"。

　　（2）使用"构造线"命令（Xline）创建无限长的线

　　使用"构造线"命令（Xline）可以创建通过指定两点且向两端无限延伸的直线。在一次命令执行过程中，指定的第一点可重复使用，自第 2 条构造线开始，绘制时只需指定线上的另一个坐标点即可。调用"构造线"命令（Xline）的方法与调用"直线"命令（Line）的方法相似。

　　（3）使用"射线"命令（Ray）创建单向无限长的线

　　使用"射线"命令（Ray）可以创建通过指定两点且向第 2 点方向无限延伸的直线。指定的第一点作为射线的端点，在一次命令执行过程中，端点可重复使用。

3. 绘制圆

　　圆是工程绘图中另一种常见的图形元素，可以用来表示柱、轴、轮和孔等基本实体。画圆的基本命令是 Circle，在命令行中输入绘圆命令后，系统提示"指定圆的圆心或[三点(3P)/两点(2P)/相切、相切、半径(T)]:"，根据提示，逐步输入相应内容，即可完成绘圆操作。另外，也可以通过菜单栏或选项卡功能区调用绘圆命令，在命令列表中有 6 种绘制圆的方法，可以根据不同的已知条件灵活选用，如图 3-2 所示。相比较而言，使用菜单栏或选项卡功能区调用绘圆命令更适合初学者。

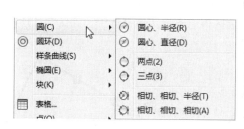

图 3-2　通过菜单栏/功能面板调用绘圆命令

4. 绘制圆弧

　　生活中很多物体的形状组成中都含有圆弧，圆弧是平滑过渡的最佳方式。绘制圆弧是 AutoCAD 绘图的重要环节，选择"绘图"→"圆弧"命令，其子菜单中有 11 种绘制圆弧的方法，用户可以根据不同的已知条件灵活选用，如图 3-3 所示。此外，也可以使用"圆弧"命令（Arc），根据命令行提示，实现绘制圆弧的操作。

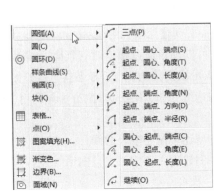

图 3-3　通过菜单栏/选项卡功能面板调用绘制圆弧的命令

提示：圆弧是圆的一部分。绘制圆弧时，也可以根据已知条件，先绘制圆，然后对圆进行修剪，得到圆弧。

5. 选取图形对象

在绘制图形时，特别是在编辑图形时，经常要选择单个或多个图形对象，AutoCAD 提供了多种选择图形对象的操作方法。

① 单击：在指定的图形对象上单击，即可选中该对象，这是选择单一图形对象时最常用的方法。被选中的对象在端点、中点、象限点等特殊位置会出现夹点——默认情况下显示为蓝色的小方块，同时实体对象呈虚线状态。夹点可用于实体编辑，是一种重要的编辑方式。（关于夹点编辑参见实训七。）

② 框选：在绘图区域单击后向右对角处拖曳（如左上至右下，或左下至右上），至适当位置后，再单击，在拖出的矩形选区内的图形实体被选中，如图 3-4 所示。

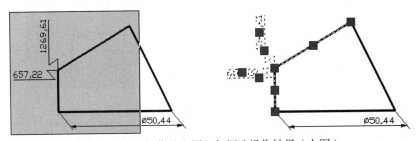

图 3-4　框选操作（左图）与框选操作结果（右图）

③ 交叉选择：在绘图区域单击后向左对角处拖曳（如右下至左上，或右上至左下），至适当位置后，再单击，凡是与矩形选区有交叉的图形实体均被选中，如图 3-5 所示。坐标标注和左侧竖直线完全处于选择区域之外，因此未被选中。

④ 栏选：在编辑图形过程中，系统提示"选择对象:"时，可以使用比上述方法更为灵活的一种选取操作——栏选，选择与选择栏相交的所有对象。选择栏是一系列临时线段，它们是用两个或多个栏选点指定的。选择栏不构成闭合环，可相互交叉。

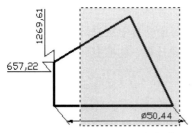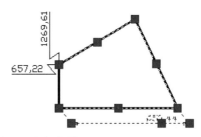

图3-5　交叉选择操作（左图）与交叉选择操作结果（右图）

　　"栏选"操作方法就像用直线命令绘制直线一样，在"选择对象："提示后输入F，系统提示"指定第一个栏选点："，然后提示"指定下一个栏选点或[放弃（U）]："，如在修剪命令中，逐一绘制与被修剪对象相交的直线直至选中全部编辑对象，然后结束选取操作。

　　⑤ 快速选择：快速选择对象可以根据用户指定的过滤条件快速定义一个选择集，该选择集包括或排除符合指定过滤条件的所有对象，还可以将用户定义的选择规则定义为对象选择器，并将其保存以便以后使用。进行快速选择首先要打开"快速选择"对话框，然后进行条件设置。选择"工具"→"快速选择"命令，或在右键快捷菜单中选择"快速选择"命令，弹出"快速选择"对话框，如图3-6所示。

图3-6　快速选择对象

　　提示：在编辑图形的过程中，构造选择集常常不能一次完成，需要向选择集中添加或删除对象。添加对象时，直接单击进行选择即可；取消选择某对象时，要按住【Shift】键再单击。

6. 对象捕捉

　　绘图时，用户常常需要在一些特殊的几何点间进行连线，例如通过圆心、交点、直线的中点或端点等点绘制线。这时如果试图通过用眼睛瞄准或准确计算出点的坐标值来精确绘图，在实际工作中是没有意义的。为了帮助用户快速、准确地拾取到绘图点，AutoCAD提供了一系列不同方式的对象捕捉工具。打开"对象捕捉"功能后，当光标接近绘图点时，系统会自动磁吸到绘图点上，确保高效、精确绘图。

　　（1）打开或关闭"对象捕捉"功能

　　若要开启或关闭"对象捕捉"功能，可在状态栏上单击"对象捕捉"按钮，或者按【F3】键，临时开启或关闭"对象捕捉"功能。

（2）设置"对象捕捉"功能

开启"对象捕捉"功能后，系统只针对已设置好的捕捉对象进行捕捉，如果捕捉对象不能满足绘图要求，则应进行重新设置。设置"对象捕捉"功能有两种方式：一种是设置临时对象捕捉方式，另一种是设置自动捕捉方式。

① 设置临时对象捕捉方式：按住【Shift】右击，弹出对象捕捉的快捷菜单，选择相应的捕捉方式即可，如图 3-7 所示。这种捕捉设置在命令执行完毕后自动退出，即此设置只在当次有效。

② 设置自动捕捉方式：单击"对象捕捉"按钮右侧的小三角，在弹出的项目列表中勾选相应项目，或在状态栏的"对象捕捉"按钮上右击，在弹出的菜单中选择"对象捕捉设置"命令，弹出"草图设置"对话框，并自动切换至"对象捕捉"选项卡，如图 3-8 所示，可对对象捕捉功能进行设置。完成设置后，所有设置在绘图过程中一直保持有效状态，直到再次进入"草图设置"对话框更改设置为止。

图 3-7　通过快捷菜单设置临时捕捉方式

提示："对象捕捉"的作用是将鼠标光标强制性地准确定位在已存在的特定点上。但是，同时设置过多捕捉模式，彼此可能会造成干扰，影响精确绘图。更多关于"对象捕捉"操作的设置及使用方法，请参考实训五。

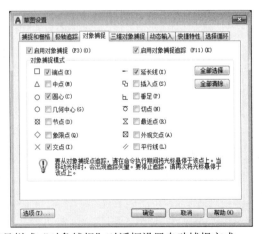

图 3-8　通过"对象捕捉"工具栏或"对象捕捉"对话框设置自动捕捉方式

绘图分析与画法

下面通过 6 个典型几何图形，如图 3-9 所示，说明使用 AutoCAD 绘图的过程。

提示：绘图分析往往比绘图本身更重要，通过绘图分析，有助于确定关键点位和图形元素，以及如何得到关键点位和如何绘制图形元素。练习时要重视绘图分析，先想清楚画什么（线），然后再考虑用什么命令画（线）。

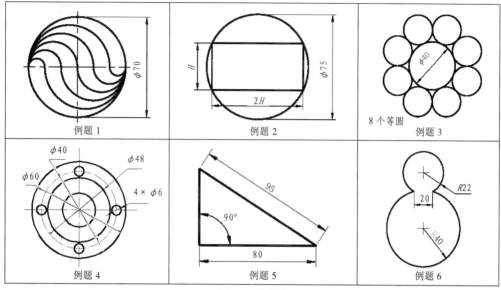

图 3-9　图例

1. 例题 1

实训 3-
例题 1

（1）绘图分析

通过分析可以发现，题目所给图形具有以下特点：

① 图形外部轮廓线是一个直径为 70 的圆。

② 圆的直径被等分为 6 份。

③ 分别以 1 份，2 份，…，5 份单位长为直径，在被等分直径的上下两侧绘制半圆弧，即可得到指定图形。

（2）绘图

① 在"绘图"工具面板中，单击"直线"按钮，在绘图区域用鼠标任选一点，然后，使用相对坐标输入法，确定直线的下一个端点，绘制一条长度为 70 的水平直线。

② 选择"绘图"→"圆"→"两点"命令，捕捉直线的两个端点，绘制外轮廓圆。

③ 选择"绘图"→"点"→"定数等分"命令，根据命令行提示，选择圆的直径，将其 6 等分。（选择"格式"→"点样式"命令，修改点样式，显示等分点）。

④ 选择"绘图"→"圆弧"→"起点、端点、角度"命令，捕捉起点、端点，然后输入角度绘制圆弧。（从左至右捕捉起点、端点，捕捉端点后，鼠标离开第 2 点，顺时针画弧，输入负的角度值；逆时针画弧，输入正的角度值。）

⑤ 直至完成全部绘图工作。绘图分步示例如图 3-10 所示。

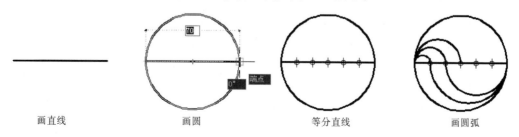

画直线　　　　　画圆　　　　　等分直线　　　　　画圆弧

图 3-10　例题 1 绘图分步示例

2. 例题 2

（1）绘图分析

通过分析可以发现，题目所给图形具有以下特点：

① 图形外部轮廓线是一个直径为 75 的圆，圆内接一个四边形。

② 四边形长短边长比例为 2∶1，具体数值未知。

③ 圆很容易画出。如何得到圆与四边形的交点是本例题的关键。

（2）绘图

① 选择"绘图"→"圆"→"圆心、直径"命令，绘制外轮廓圆。

② 在"绘图"工具面板中，单击"构造线"按钮，绘制两端无限延伸的直线。

③ 构造线的第一点捕捉圆心，然后，使用相对坐标输入法，确定直线的下一个端点，使其满足 2∶1 坐标关系（@2,1），确定构造线的第 2 点，画出第一条构造线。

④ 然后再输入另一对称坐标点（@2,–1），画出第 2 条构造线。

⑤ 在"绘图"工具面板中，单击"直线"按钮，依次捕捉构造线与圆的交点，画出四边形。

⑥ 删除辅助线，完成绘图操作。绘图分步示例如图 3–11 所示。

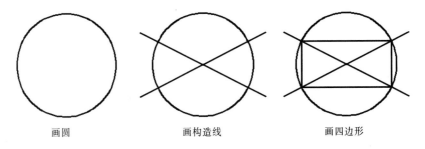

画圆　　　　　　　　　　画构造线　　　　　　　　　画四边形

图 3–11　例题 2 绘图分步示例

3. 例题 3

（1）绘图分析

通过分析可以发现，题目所给图形具有以下特点：

① 图形由大小圆组成，相邻大圆、小圆两两相切。

② 小圆相对大圆（在直角坐标系内）呈正对称位置关系。

③ 大圆直径已知，小圆直径未知，每个小圆在 1/8 象限内。

（2）绘图

① 选择"构造线"命令，使用相对坐标绘制辅助线。

② 选择"绘图"→"圆"→"圆心、直径"命令，绘制中心轮廓圆。

③ 选择"绘图"→"圆"→"相切、相切、相切"命令，在中心轮廓圆和左右辅助线上捕捉切点，重复绘制 8 个外轮廓小圆。

④ 删除辅助线，完成绘图操作。绘图分步示例如图 3–12 所示。

提示：此图例中，使用了不同的线型和线宽，使图形更清晰明了，可读性更强。关于怎样设置线型、线宽等相关知识将在实训五中讲解。

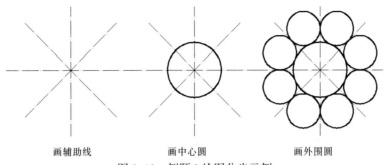

画辅助线　　　　　画中心圆　　　　　　画外围圆

图 3-12　例题 3 绘图分步示例

4. 例题 4

（1）绘图分析

通过分析可以发现，题目所给图形具有以下特点：

① 图形由大小圆组成，小圆位于坐标线位置。

② 小圆相对大圆（在直角坐标系内）呈正对称位置关系。

③ 各圆半径均为已知。

（2）绘图

① 在"绘图"工具面板中，单击"构造线"按钮，使用相对坐标绘制辅助线。

② 选择"绘图"→"圆"→"圆心、直径"命令，以辅助线交点为圆心，绘制 4 个同心圆。

③ 选择"绘图"→"圆"→"圆心、直径"命令，以圆 ϕ48 与坐标轴线的交点为圆心，重复绘制 4 个小圆。

④ 删除辅助线，完成绘图操作。绘图分步示例如图 3-13 所示。

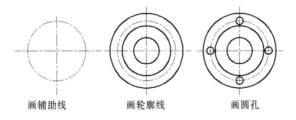

画辅助线　　　　　画轮廓线　　　　　　画圆孔

图 3-13　例题 4 绘图分步示例

5. 例题 5

（1）绘图分析

通过分析可以发现，题目所给图形具有以下特点：

① 图形为一个直角三角形。

② 已知三角形的斜边及一条直角边边长。

（2）绘图

① 单击状态栏中的"正交"按钮。

② 在"绘图"工具面板中，单击"直线"按钮，在绘图区域用鼠标任选一点，然后，移动鼠标引导画线方向，输入直线长度 80，绘制两条长度为 80 并且相互垂直的直线。

③ 在"绘图"工具面板中，单击"圆"按钮，以水平线段右端点为圆心，三角形斜边长 95 为半径画辅助圆。

④ 在"绘图"工具面板中，单击"直线"按钮，捕捉竖轴线与圆的交点和水平直线的两个端点，绘制三角形。

⑤ 删除辅助线，完成绘图操作。绘图分步示例如图 3-14 所示。

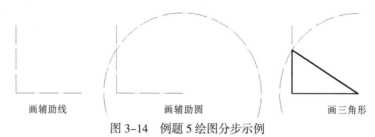

| 画辅助线 | 画辅助圆 | 画三角形 |

图 3-14　例题 5 绘图分步示例

6. 例题 6

（1）绘图分析

通过分析可以发现，题目所给图形具有以下特点：

① 图形由两个半径不同的圆弧对口组成，开口弦长为 20。

② 两个圆弧均为优弧，半径已知。

（2）绘图

① 在"绘图"工具面板中，单击"直线"按钮，在绘图区域绘制 20 个单位长度的水平直线段。

② 选择"绘图"→"圆弧"→"起点、端点、半径"命令，按逆时针方向捕捉辅助线端点作为圆弧的起点和端点，输入负半径值，绘制圆弧。

③ 删除辅助线，完成绘图操作。绘图分步示例如图 3-15 所示。

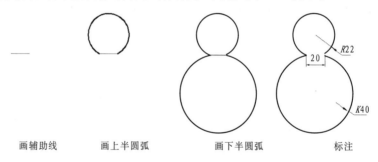

| 画辅助线 | 画上半圆弧 | 画下半圆弧 | 标注 |

图 3-15　例题 6 绘图分步示例

（3）关于圆弧

① 绘制圆弧过程中的参数：绘制圆弧过程中的角度指的是弧心角，长度指的是圆弧的弦长，即起点与端点连线的长度。

② 绘制圆弧的方向：圆弧是以逆时针方向绘制的，应该注意起点、端点的选择。

③ 优弧与劣弧：大于半圆的弧称为优弧，小于半圆的弧称为劣弧。绘制圆弧时，若输入正半径值，绘制出的是劣弧，输入负半径值绘制出的是优弧。

④ 顺利绘制圆弧：捕捉起点、端点后，鼠标应离开第 2 点，否则在输入第 3 个参数后，系统提示"*无效*　起点角度与端点角度必须不同"，如图 3-16 所示。

🔺 *无效*
起点角度与端点角度必须不同。

图 3-16　绘弧失败提示信息

7．例题 7

这个例题为篮球场地图的分析与绘制。经过实地观察测量（有条件的话，还应该查阅相关资料）可知，篮球场为长 28m、宽 15m 的长方形，分前后两个半场，呈中线对称关系。场内设施及结构如图 3-17 所示。

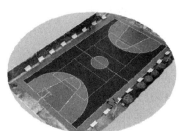

图 3-17　篮球场地图

篮球场地构成：

（1）界线

① 篮球场要按规定用线条画出，界线距观众、广告牌或任何其他障碍物至少 2 m。

② 篮球场长边的界线称为边线，短边的界线称为端线。

（2）中线

从边线的中点绘制一条平行于端线的线——中线；中线向两侧边线各延长 0.15m（15cm）。

（3）罚球线、限制区

① 罚球线要与端线平行，它的外沿距离端线内沿 5.8m；这条线长为 3.6m。它的中点必须落在连接两条端线中点的假想线上。

② 从罚球线两端绘制两条线至距离端线中点各 3m 的地方（均从外沿量起）所构成的地面区域称为限制区。

③ 罚球区是限制区加上以罚球线中点为圆心，以 1.80m 为半径，向限制区绘制的半圆区域。在限制区内的半圆绘制成虚线，或不绘制。

④ 罚球区两旁的位置区供队员在罚球时使用。

（4）罚球区

① 第一条线距离端线内沿 1.75 m，沿罚球区两侧边线进行丈量。

② 第一位置区的宽度为 0.85m（85cm），并且与中立区域的始端相接。

③ 中立区域的宽度为 0.4m（40cm），并且用和其他线条相同的颜色涂实。

④ 第 2 位置区与中立区域相邻，宽度为 0.85m（85cm）。

⑤ 第 3 位置区与第 2 位置区相邻，宽度为 0.85m（85cm）。

⑥ 所有用来绘制这些位置区的线条，其长度为 0.1m（10cm），并垂直于罚球区边线的外侧。

（5）中圈

中圈要绘制在球场的中央，半径为 1.8m，从圆周的外沿进行丈量。

（6）3 分投篮区

某队的 3 分投篮区是指除对方球篮附近被下述条件限制的区域之外的整个球场区域。这些条件包括：

① 分别距边线 1.25m，从端线引出两条平行线。

② 半径为 6.25m（量至圆弧外沿）的圆弧（半圆）与两平行线相交。

③ 该圆弧的圆心要在对方球篮的中心垂直线与地面的交点上。圆心距端线内沿中点的距离为 1.575m。

附注：篮球场地线施工现场绘制方法

必备条件

① 球场为长 28m、宽 15m 的长方形，其上方 7m 以内的空间不能有任何障碍物，场地四周的线外至少应有 2～3m 宽的无障碍区，以免影响球的运行或出现事故。

② 篮球架可由金属、木质或其他适宜的材料制成。为保证篮球架符合规定要求，并具有安全性，建议购买正规厂家生产的篮球架。

③ 土质、水泥、沥青、塑胶和木质地面均可，要求平整、坚实。

绘制线痕

① 纵轴线：用一条长约 30m 的线绳，在空地中间沿较长（最好是南北）方向拉直，固定在地上即可。

② 首先确定纵轴线的中点为 O 点，然后依次确定 A、B、C、D、E、F 这 6 点。具体数据如下：$OA=OB=14m$；$AC=BD=5.8m$；$AE=BF=1.575m$，如图 3-18（a）所示。

③ 端线：从 A 点向 O 点量 3m 得 K 点，以 K 点为圆心，以 5m 为半径，在 A 点的两侧绘制圆弧；再以 A 点为圆心，以 4m 为半径分别在 A 点两侧绘制圆弧，与前两条圆弧相交；然后绘制直线连接两交点并向两侧延长 8m 左右。从 A 点向两侧各量 7.5m，分别得到 A_1 和 A_2 两点，则线段 A_1A_2 为篮球场的端线，如图 3-18（b）所示。

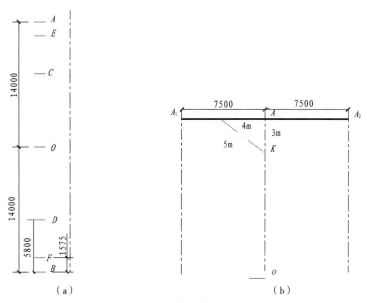

（a） （b）

图 3-18 绘制篮球场地图（一）

④ 另一端线的画法与此相同。

⑤ 边线：连接 A_1B_1 和 A_2B_2 即可，$A_1B_1=A_2B_2=28m$。

⑥ 中线：分别取 A_1B_1 和 A_2B_2 的中点，得 O_1、O_2 两点，连接 O_1O_2 即可。$A_1O_1=A_2O_2=$

$O_1B_1 = O_2B_2 = 14\ m$。

⑦ 中线应向两边线外各延长 0.15m。

⑧ 检验方法：$A_1B_2 = A_2B_1 = 31.765m$，如图 3-19（a）所示。

⑨ 分别以 C、O、D 点为圆心，以 1.80 m 为半径画圆，分别得到圆 O、圆 C、圆 D，如图 3-19（b）所示。

⑩ 限制线：从 A 点沿端线向两侧各量 3m，分别得到 A_3、A_4 点，再分别从 A_3、A_4 两点以 5.923m 的长度绘制直线与 C 圆相交于 C_1、C_2 点，便可得到限制线 A_3C_1、A_4C_2。

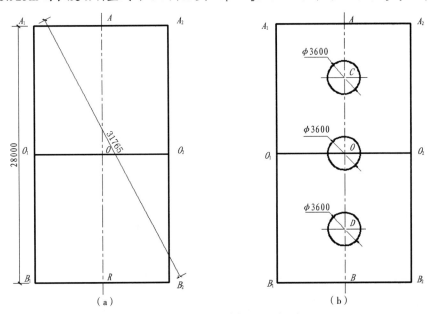

图 3-19　绘制篮球场地图（二）

⑪ 罚球线：连接 C_1、C_2，线段 C_1C_2 为罚球线。要求 C_1C_2 过 C 点。

⑫ 另一侧限制区和罚球区、禁区绘制方法相同。

⑬ 三分线弧：以 E 点为圆心，以 6.25 m 为半径，在场内绘制半圆。

⑭ 三分线直线：分别从 A_1、A_2 两点沿端线向 A 点方向测量 1.25 m，得 A_5、A_6 点，从 A_5、A_6 点分别绘制直线与 E 圆相切于 E_1、E_2 点，连接 A_5E_1、A_6E_2 即可。直线 A_5E_1、A_6E_2 与半圆 E 合称为三分线，如图 3-20（a）所示。

⑮ 检验方法：$A_5E_1 = A_6E_2 = 1.575m$。

⑯ 另一侧三分线的绘制方法与此相同。

⑰ 取下纵轴线绳。

⑱ 罚球区位置线：沿限制线 A_3C_1 在距离端线 1.75m 处绘制一条长 10cm、宽 5cm 并与罚球区边线相垂直的分位线；再以间隔依次为 0.85m、0.4m、0.85m、0.85m 的距离，由下往上绘制同样的分位线，便可依次得到第一位置区、中立区、第 2 位置区和第 3 位置区（各位置区的宽度不含分位线）。用同样的方法可绘制出另一侧的限制位置区，如图 3-20（b）所示。

⑲ 另一半场画法相同。

绘制实线（5cm 宽）

① 边线、端线：沿线痕将边线、端线绘制在场地外侧。

② 中线：骑线痕绘制，两边各 2.5cm。

③ 三分线、三圆圈：沿线痕将其绘制在弧内，沿 C 圆和 D 圆靠端线的半圆绘制虚线（线段长 35cm，间隔 40cm）。

④ 禁区：沿线痕绘制在区内。

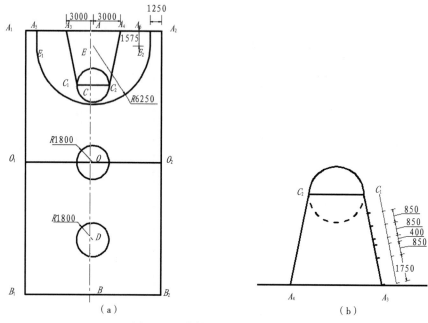

图 3-20　绘制篮球场地图（三）

依据场内线条及尺寸规定，参考现场手工绘制方法，绘制篮球场地图。图 3-21 所示为某施工单位绘制的篮球场地设计图。

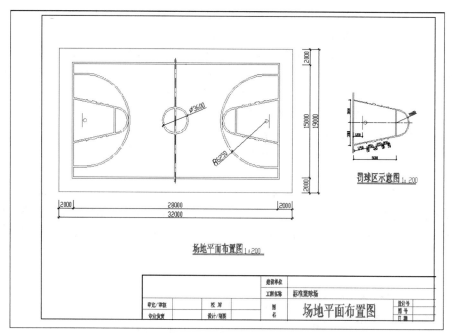

图 3-21　篮球场地图

习 题

1. 定义等分点后，为何没有看到点，如何调整？

2. 结合上机实训情况，查询 AutoCAD 联机帮助，参考下列格式，归纳整理本实训所练习的各个命令，如表 3-1 所示。

表 3-1　练习命令

命 令	调 用 方 法	功 用	退 出 方 法
Line	"绘图"工具栏：／ "绘图"菜单："直线" 命令行：Line	创建一系列连续的线段 （起点—端点—后续线段端点）	按【Enter】键 按【Esc】键 在绘图区右击：在弹出的菜单中选择"确定"或"取消"退出命令

3. 按照下面示范的格式，参考命令行/文本窗口提示信息，写出图 3-22 所示详细操作步骤。

命令：Line／
指定第一点：　　　　　　　　　　　　← 选取任意起点 A
指定下一点或 [放弃(U)]：　　　　　　← 按【F8】键，将鼠标往 270°方向移动至点 B 绘制任意长度的垂直线
指定下一点或 [放弃(U)]：80　　　　　← 将鼠标往 0°移动方向输入 80
指定下一点或 [闭合(C)/放弃(U)]：　　← 按【Enter】键完成线段的绘制
命令：Circl ⊙
指定圆的圆心或 [三点(3P)/两点(2P)/相切、相切、半径(T)]：　← 选取端点 C
指定圆的半径或 [直径(D)]：95　　　　← 输入半径 95
命令：Trim ⊬
当前设置：投影=UCS 边=延伸
选择剪切边 ...
选择对象：　　　　　　　　　　　　　← 选取圆 E
选择对象：　　　　　　　　　　　　　← 按【Enter】键退出选择
选择要修剪的对象，或按住【Shift】键选择要延伸的对象，或 [投影(P)/边(E)/放弃(U)]：
　　　　　　　　　　　　　　　　　　← 选择边 F
选择要修剪的对象，或按住【Shift】键选择要延伸的对象，或 [投影(P)/边(E)/放弃(U)]：
　　　　　　　　　　　　　　　　　　← 按【Enter】键退出
命令：Line／
指定第一点：　　　　　　　　　　　　← 选取端点 C
指定下一点或 [放弃(U)]：　　　　　　← 选取交点 D
指定下一点或 [放弃(U)]：　　　　　　← 按【Enter】键完成操作
命令：Erase
选择对象：　　　　　　　　　　　　　← 选择圆 E
选择对象：　　　　　　　　　　　　　← 按【Enter】键完成操作

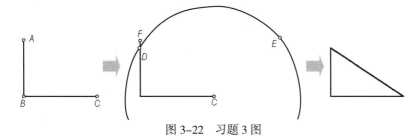

图 3-22　习题 3 图

实训 3–
习题 4–1

实训 3–
习题 4–2

4. 分析并绘制下列图形，如图 3–23 所示。

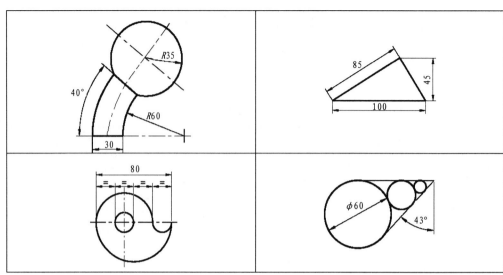

图 3–23　习题 4 图

实训 ④ 常用二维绘图命令（二）

实训内容

巩固点、线、圆和圆弧的绘制方法与技巧，通过典型范例，学习矩形、正多边形和椭圆的绘制方法，掌握如何创建复杂的二维图形对象，并理解各种图形对象的特点。

学习添加填充图案，以及如何高效地显示和观察图形。

实训要点

掌握矩形、正多边形和椭圆命令的使用方法。

掌握选择图案、填充图案、定义填充图案的边界、控制填充图案的样式和修改填充图案的对象的方法。

图形窗口是用户与计算机对话的媒介，当图形比较复杂时，如何快速地缩放图形和切换视图是高效工作的关键之一，所以，必须熟练掌握如何高效地显示和观察图形。

体会绘图分析与 CAD 绘图的关系，以及绘图分析在绘图过程中的重要性。

知识准备

前面讲解了点、直线、圆和圆弧等基本图形对象的绘制方法，相信读者对 AutoCAD 命令的使用方法和技巧有了一定的认识，通过本实训的练习，将进一步训练读者使用 AutoCAD 绘制图形的能力。

使用"直线"命令可以绘制多边形，此时的多边形是由彼此独立的图形元素组成的，以此方法绘制不仅绘图效率很低，而且对后续编辑修改工作不利。为提高绘图效率，AutoCAD 提供了"矩形"、"正多边形"等绘图命令，使用"矩形"、"正多边形"命令可以快速绘制多边形，同时，这样绘制的多边形是由一个整体组成的，不可以单独编辑每条边，这将大大有利于对图形进行编辑修改工作。

填充是用某种图案充满图形中的指定区域。填充图案可以用来标识一个建筑物立面图上的砖块图案，或地图上的土壤和植物图案等，机械零件或结构部件的剖面图通常用带角度的直线组成的图案填充。在使用填充图案时，既可以选择填充图案库文件中预定义的图案样式，也可以从自定义库文件中选择一种图案样式。

1. 绘制矩形

矩形是使用最多、最灵活的多边形，AutoCAD 专门提供了"矩形"命令，只需先后确定矩形的两个对角点，便可以快速创建具有倒角、圆角或厚度等特性的矩形。对角点的确定，可以通过十字光标直接在绘图区域上单击进行选择，也可以输入坐标。

（1）调用"矩形"命令的方式

① 使用菜单栏：选择"绘图"→"矩形"命令，如图 4-1（a）所示。

② 使用功能面板：单击"绘图"功能面板中的"矩形"按钮 ▭，如图 4-1（b）所示。

 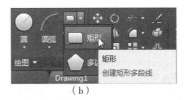

（a）　　　　　　　　　　　　（b）

图 4-1　调用"矩形"命令

③ 通过命令行：在命令行输入"Rectangle"，并按【Enter】键。

（2）绘制矩形的注意事项

① 调用"矩形"命令后，命令行出现"指定第一个角点或 [倒角(C)/标高(E)/圆角(F)/厚度(T)/宽度(W)]:"提示，此时，可以根据绘图需要，定义矩形的倒角、圆角等。

② 设置倒角、标高、圆角等绘图参数后，系统将保存此参数值，再次执行"矩形"命令时，所设置的参数值将作为当前参数，应用于当前图形，直至重新定义。

③ 直角矩形和倒角、圆角矩形的效果如图 4-2 所示。

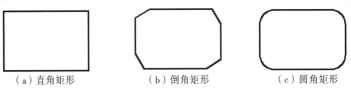

（a）直角矩形　　　　　　（b）倒角矩形　　　　　　（c）圆角矩形

图 4-2　规则矩形和倒角、圆角矩形效果

2. 绘制正多边形

AutoCAD 除提供了"矩形"命令外，还提供了"正多边形"命令，可以方便快捷地创建 3～1024 条边的规则多边形。

（1）调用"多边形"命令的方式

① 使用菜单栏：选择"绘图"→"多边形"命令，如图 4-3（a）所示。

② 使用功能面板：单击"绘图"功能面板中的"多边形"按钮 ⬠，如图 4-3（b）所示。

 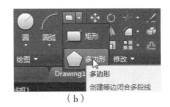

（a）　　　　　　　　　　　　（b）

图 4-3　调用"多边形"命令

③ 通过命令行：在命令行输入"Polygon"并按【Enter】键。

④ 调用"多边形"命令后，命令行出现绘图提示，按照提示进行操作即可。图 4-4 所示为绘制正六边形的步骤。

```
命令:
命令:  polygon 输入边的数目 <4>: 6
指定正多边形的中心点或 [边(E)]:
输入选项 [内接于圆(I)/外切于圆(C)] <I>:
指定圆的半径:
```

图 4-4　绘制正六边形

（2）绘制正多边形的注意事项

使用"多边形"命令最多可以绘制有 1024 条边的等边多边形。绘制正多边形有 3 种方法。

① 绘制圆内接正多边形：内接于圆的正多边形，即正多边形的每一个顶点都落在这个圆周上，但并不需要绘制圆本身。这种方法须提供正多边形的 3 个参数：边数、正多边形的中心位置和正多边形的一个角点，由此确定正多边形中心至每个顶点的距离和正多边形的方向。

② 绘制圆外切正多边形：外切于圆的正多边形，即正多边形的各边均在假设圆之外，且各边与假设圆相切。这就是外切法绘制正多边形的原理。采用这一方式，须提供 3 个参数：正多边形边数、内切圆圆心和内切圆半径。

③ 由边确定正多边形：这种方法须提供两个参数，即正多边形的边数和边长。如果需要绘制一个正多边形，使其一角通过某一点，则适合采用这种方式。一般情况下，如果正多边形的边长是已知的，用这种方式就非常方便。

3. 绘制多段线

多段线是由多个直线段和圆弧相连而成的单一对象。

多段线是 AutoCAD 绘图中比较常用的一种图形对象，它为用户提供了方便快捷的绘图方式。通过绘制多段线，可以得到一个由若干直线和圆弧连接而成的折线或曲线，并且，无论这条多段线中包含多少条直线或圆弧，整条多段线都是一个图形对象，可以统一对其进行编辑。另外，多段线中各线条还可以有不同的线宽，这对于制图非常有利。

（1）调用"多段线"命令的方式

① 使用菜单栏：选择"绘图"→"多段线"命令，如图 4-5（a）所示。

② 使用功能面板：单击"绘图"工具面板中的"多段线"按钮，如图 4-5（b）所示。

<table>
<tr><td>（a）</td><td>（b）</td></tr>
</table>

图 4-5　调用"多段线"命令

③ 通过命令行：在命令行输入"Pline"，按【Enter】键。

④ 调用"多段线"命令后，命令行出现绘图提示，根据提示进行操作即可。图 4-6 所示为使用"多段线"命令绘制的不同形状的箭头。

图 4-6　使用"多段线"命令绘制的箭头

（2）使用"多段线"命令的注意事项

"多段线"命令的使用方法非常灵活，既可以绘制首尾相连的直线，也可以绘制首尾相连的圆弧，或交替绘制直线和圆弧。使用"多段线"命令绘图应注意以下事项：

① 前面学习的一些对象，如矩形和多边形，是被当作多段线对象创建的，可以使用任何线型样式绘制多段线。与其他对象如单独的直线、圆弧和圆不同的是，多段线既可以

具有固定不变的宽度，也可以在长度范围内，使任意线段逐渐变细。

② 当多段线的宽度大于 0 时，若想绘制闭合的多段线，一定要选择"闭合"选项，才能使其完全封闭。否则，即使起点与终点重合也会出现缺口。

③ 首尾相连的直线或圆弧，可以通过选择"修改"→"对象"→"多段线"命令，将其转换、合并为多段线；一条多段线也可以通过选择"修改"→"分解"命令，将其分解为单独的图形对象。

④ 绘制多段线时，如果出现绘制错误，可按【Ctrl+Z】组合键、在命令行中输入"U"，或选择"编辑"→"放弃"命令，撤销最近一步操作，但并不退出"多段线"命令，撤销后可继续绘制多段线。

4. 绘制椭圆和椭圆弧

在绘图时，椭圆是一种非常重要的图形对象，航天器、天体的运行轨迹及圆柱体的斜截面等都是椭圆形状的。椭圆与圆的区别在于，其圆周上的点到中心的距离是变化的，一个椭圆有两个不等长的轴。绘制椭圆的默认方式是指定椭圆一个轴的端点，然后指定一个距离代表第二个轴长度的一半。椭圆轴的端点决定了椭圆的方向，椭圆中较长的轴称为长轴，较短的轴称为短轴。定义椭圆轴时，其次序并不重要，AutoCAD 会根据它们的相对长度确定椭圆的长轴和短轴。

（1）调用"椭圆"及"椭圆弧"命令的方式

① 使用菜单栏：选择"绘图"→"椭圆"命令，如图 4-7（a）所示。

② 使用功能面板：单击"绘图"功能面板中的"椭圆" ⬭ 和"椭圆弧" ⟳ 按钮，如图 4-7（b）所示。

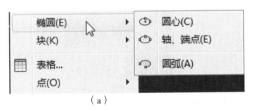
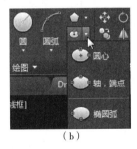

（a）　　　　　　　　　　　　　　　　（b）

图 4-7　调用"椭圆"、"椭圆弧"命令

③ 使用命令行：在命令行输入"Ellipse"，按【Enter】键。

（2）绘制椭圆及椭圆弧的注意事项

① 通过定义两轴绘制椭圆：即先确定椭圆的一个轴，再定义第 3 点，指定椭圆的另一条半轴长度，由此确定椭圆。

② 通过定义长轴及椭圆转角绘制椭圆：使用这种方式绘制椭圆，需要首先定义椭圆长轴的两个端点，然后再确定椭圆绕该轴的旋转角度，从而确定椭圆的位置及形状。椭圆的形状最终由其绕长轴的旋转角度决定。若旋转角度为 0°，则将画出一个圆；若角度为 45°，将出现一个从视点看去呈 45° 的椭圆。旋转角度的最大值为 89.4°，若大于此角度，椭圆看上去将像一条直线。

③ 通过定义中心和两轴端点绘制椭圆：确定椭圆的中心点后，椭圆的位置便随之确定。此时，只需再为两轴各定义一个端点，便可确定椭圆形状。

④ 绘制椭圆弧：椭圆弧是椭圆的一部分，使用 AutoCAD 可方便地绘制出椭圆弧。绘

制椭圆弧的方法与绘制椭圆的方法相似。使用前面介绍的方法先创建一个椭圆，然后根据命令行提示确定椭圆弧的起始点和终止点，完成椭圆弧的绘制。

5. 填充

在绘制工程图时，经常绘制剖面图，其中的剖面线大多绘制在一个对象或几个对象围成的封闭区域中，例如一个圆或一条封闭的多段线等，比较复杂的可能是几条线或圆弧围成的形状多变的区域。在绘制剖面线时，用户首先要指定填充边界。一般用两种方法选定绘制剖面线的边界，一种是在闭合的区域内指定一点，AutoCAD 自动搜索闭合的边界，另一种是通过选择对象来定义边界。AutoCAD 为用户提供了许多标准填充图案，用户也可以定制自己的图案，此外，还能控制剖面图案的疏密和图案的倾角等。

（1）激活"图案填充创建"选项卡

进行图案填充操作，需要在"图案填充创建"选项卡中进行必要的设置。激活"图案填充创建"选项卡的方法如下：

①使用菜单栏：选择"绘图"→"图案填充"命令，激活"图案填充创建"选项卡。

②使用功能面板：单击"绘图"功能面板"图案填充"命令按钮 ▨，激活"图案填充创建"选项卡。

③使用命令行：在命令行输入"Bhatch"，按【Enter】键。

利用"图案填充创建"选项卡，用户可以设置图案填充时的图案特性、填充边界以及填充方式等，其中包括"边界""图案""特性"等 6 个面板，如图 4-8 所示。

图 4-8　"图案填充创建"选项卡

（2）"图案填充创建"选项卡面板说明

①"边界"功能面板。

"拾取点"：单击该按钮后，用户可选取填充边界内的任意一点，填充区域选取后边界呈高亮显示。选取完毕按【Enter】键后完成图案填充。如果在拾取点后，AutoCAD 不能形成封闭的填充边界，就会给出相应的提示信息，如图 4-9 所示。

"选择对象"：提示用户选取一系列构成边界的对象以使系统获得填充边界。

提示： AutoCAD 填充边界应该是封闭的，但是如果在"允许的间隙"编辑框中已指定值，当通过"拾取点"按钮指定的填充边界为非封闭边界且边界间隙小于或等于设定的值时，AutoCAD 会打开如图 4-9 所示的"图案填充—边界定义错误"对话框。

如果单击"继续填充此区域"，AutoCAD 将对非封闭图形进行图案填充，即如果边界有间隙，且各间隙均小于或等于设置的允许值，那么这些间隙均会被忽略，将对应的边界视为封闭边界。

②"图案"功能面板。

"图案"功能面板用于设置与填充图案有关的参数。单击"图案填充图案"按钮，弹出更多图案，以供用户选择，如图 4-10 所示。

图 4-9 "图案填充—边界定义错误"对话框 　　图 4-10 "图案填充图案"列表

③ "特性"功能面板。

"图案填充透明度"文本框：拖动滚动条来设置填充图案的透明度，也可以在文本框中输入数字。

"角度"文本框：拖动滚动条来确定填充图案的旋转角度，每种图案在定义时的旋转角为 0°。用户也可以在"角度"文本框中输入图案填充时要旋转的角度，还可以从该下拉列表框进行选择。

"比例"文本框：设置填充图案时图案的缩放比例，默认值为 1。

④ "原点"功能面板。

"原点"功能面板用于指定填充图案的原点，以便在移动图案时与指定的原点对齐。

⑤ "选项"功能面板。

"关联"：用于确定填充图案与填充边界的关联性。选择其中的"关联"，填充的图案与填充边界保持关联关系，即图案填充后，对填充边界进行某些编辑操作时，AutoCAD 会根据边界的新位置重新生成填充图案。取消选择"关联"，则表示填充图案与填充边界没有关联关系。

"特性匹配"：选择图案填充源对象后，拾取填充的其他内部点，封闭区域内会填充与源对象一样的图案。

"图案填充和渐变色"对话框：单击"选项"功能面板右下角的对话框启动器按钮，调出"图案填充和渐变色"对话框，进行更多项目的设置和定义，如图 4-11 所示。

⑥ "关闭"功能面板。

单击"关闭图案填充创建"按钮，将关闭"图案填充创建"选项卡。

（3）选择图案填充的类型和图案

要使用填充图案，首先应确定要使用的填充图案的类型。AutoCAD 允许用户使用预定义的填充图案或渐变色进行图案填充，也允许用户自定义填充图案。在"图案填充和渐变色"对话框中有"图案填充"和"渐变色"两个选项卡，可以设置图案填充的类型和图案，如图 4-11 所示。

① 选择填充类型：如图 4-12（a）所示，在"类型和图案"选项区域，可以选择填充图案的类型，共有 3 大类：预定义、用户定义和自定义。通常选择预定义方式填充图案。

图 4-11　"图案填充和渐变色"对话框

② 选择填充图案：在"图案"下拉列表或"填充图案选项板"对话框中选择填充图案。预定义的填充图案分别放置在 4 个不同的选项卡中，如图 4-12（b）所示。ANSI 和 ISO 选项卡中包含所有 ANSI 和 ISO 标准的填充图案。"其他预定义"选项卡包含所有由其他应用程序提供的填充图案。"自定义"选项卡显示所有添加的自定义填充图案文件定义的图案样式。

③ 使用渐变色填充：在"图案填充和渐变色"对话框的"渐变色"选项卡中，如图 4-12（c）所示，可以对填充颜色进行定义，填充得到单色或双色的渐变色填充效果。

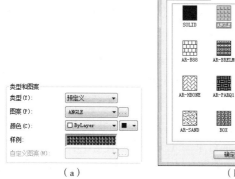

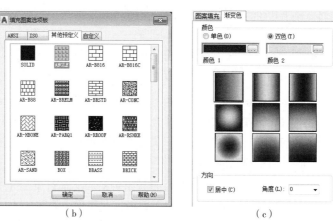

（a）　　　　　　　　　　　　（b）　　　　　　　　　　　　（c）

图 4-12　选择图案填充的类型和图案

（4）控制填充图案的特性

选择了要使用的填充图案后，可以对图案的尺寸、比例和旋转角度进行修改，如图 4-13 所示，得到恰当的填充图案外观。

① 控制填充图案的大小：每一种填充图案的定义中都包含组成填充图案图形对象之间的距离信息，修改填充图案的比例将修改原来的填充图案定义的比例因子。若比例值大于 1，则放大填充图案；若比例值小于 1，则图案将比原始定义的图案小。

② 控制填充图案的角度：填充图案中还包括组成图案的角度信息。当角度为 0 时，实际使用的填充图案与"填充图案选项板"对话框中显示的图像的对齐方式一致，要修改

使用的填充图案的对齐方式时，在"角度"下拉列表框中输入一个新值或从其下拉列表中选择一个值即可。

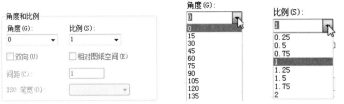

图 4-13　控制图案填充的角度和比例

（5）定义图案边界

定义图案边界时，既可以在封闭区域内部选取一点，也可以选择组成边界的对象。"图案填充和渐变色"对话框中的"边界"选项区域，如图 4-14 所示。

① 拾取点：单击图 4-14 所示的"添加：拾取点"按钮 ，系统将根据已存在的对象组成的封闭区域确定填充的边界。此时，"图案填充和渐变色"对话框将暂时消失，命令行出现"拾取内部点："提示，所拾取的点应该位于要填充的区域之内。指定一点后，AutoCAD 将分析图形并亮显边界对象。如果在边界内部还有其他的封闭对象或文本对象，则这些被称为"孤岛"的对象也将亮显。

图 4-14　定义图案边界

提示：如果要填充边界未完全闭合的区域，可以设置 HPGAPTOL 系统变量以桥接间隔，将边界视为闭合。HPGAPTOL 仅适用于指定直线与圆弧之间的间隙经过延伸后两者会连接在一起。

② 选择对象："选择对象"的操作方法与"拾取点"类似，所不同的是，这里选择的对象必须构成完全封闭的区域。

提示：假如一个边界是单一封闭的对象或由多个首尾相连的对象组成，那么在选择这个边界时，既可以在边界的内部拾取一点，也可以选择单个对象。但如果一个边界是由多个重叠的对象围成的，就必须使用在边界内部点取一点的方式来定义边界。

（6）"孤岛"选项区域

孤岛就是位于填充边界内的封闭对象和文本对象，可在"图案填充和渐变色"对话框中的"孤岛"选项区域确定如何处理这些孤岛，如图 4-15 所示。"孤岛检测"复选框用于确定如何处理孤岛和位于外层边界内的其他对象。如果使用"拾取点"方式确定填充边界，将自动识别这些孤岛。如果选择对象边界，也必须选择孤岛对象。

（7）修改填充对象

填充图案的对象还可以进行修改，包括对填充的边界进行修改、对填充的图案进行修改等。

① 打开"图案填充编辑"对话框：可以通过菜单栏、选项卡功能面板和命令行等多种方式打开"图案填充编辑"对话框，双击要编辑的填充图案也可以快速打开此对话框。如图 4-16 所示为"图案填充编辑"对话框，该对话框与图 4-11 所示的"图案填充和渐变色"对话框的区别在于定义填充边界的控制项可用与否。

图 4-15　定义图案边界——孤岛检测

图 4-16　"图案填充编辑"对话框

②　在"图案填充编辑"对话框中，用户可以对填充图案的边界、图案、角度和比例等所有前面定义的项目进行修改。

③　根据绘图需要，可以对填充图案进行分解操作，分解后的图案线条仍保留在原来创建填充图案对象的图层上，并且保留原来指定给填充对象的线型和颜色设置。

④双击填充图案后，屏幕上部会激活"图案填充编辑器"选项卡，如图 4-17 所示。在该选项卡中也可以对填充图案进行图案、角度和比例等项目的修改。

图 4-17　"图案填充编辑器"选项卡

6. 浏览图形

AutoCAD 是一种交互式的绘图软件，用户输入命令后，通过显示器屏幕向用户反馈命令的执行过程和执行结果，以及提供其他相关的图形信息。

　　图形窗口实际上模拟了图纸的功能，由于计算机的特殊性，这种图纸能够被任意放大或缩小，还可以通过平移显示图形中特定的区域。当图形比较复杂时，如何快速地缩放图形和切换视图是高效工作的关键之一。所以，必须熟练掌握如何高效地显示和观察图形。

　　（1）重画和重生成图形

　　绘图工作进行一段时间后，屏幕上可能会留下许多标志，这些标志有助于绘图定位，但标志过多则使画面显得混乱；另外，有些时候屏幕会出现暂时不能缩放、移动的情况，以及圆形变为多边形的情况，这时可通过"重画"和"重生成"命令来调整显示状态。AutoCAD 提供了一组绘图清理命令，如"重画"、"重生成"命令，能够清理屏幕并重画图形对象。

　　在"视图"菜单中，有"重画"、"重生成"和"全部重生成"3 个命令，如图 4-18 所示。在绘图过程中可根据需要选用。

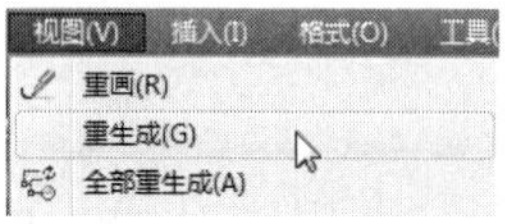

図 4-18　视图菜单

　　有些命令可以自动重生成整个图形并重新计算屏幕坐标，图形重生成后也将被重画。重生成花费的时间要比重画的时间长，但有时必须要重生成图形。例如，在打开或关闭填充模式后，必须重生成图形，才能看到改变的结果。要重生成所有视口中的激活图形，应选择"全部重生成"命令。

　　（2）图形显示控制工具

　　为实现绘图操作中的宏观总览和微观准确，AutoCAD 提供了非常完备的图形缩放和移动功能，使用起来非常方便。图 4-19 所示为图形显示控制工具。利用这些工具可以实现图形的平移、实时缩放、窗口缩放、范围缩放，以及显示上一个视图等操作。

　　提示：通常情况下，使用滚轮鼠标控制图形的平移、缩放操作更方便、快捷。

图 4-19　图形显示控制工具

　　（3）使用命名视图

　　在绘制图形时，可能需要经常在图形的不同部分进行转换。例如，如果绘制一间房屋的平面图，有时需要将房屋中的特定房间进行放大，然后缩小图形以显示整个房屋。尽管可以使用"平移"、"缩放"或"鸟瞰视图"命令完成这些操作，但是将图形的不同视图保存成命名视图，将会使上述操作更容易一些，可以在这些命名视图之间快速转换。

　　保存一个视图时，AutoCAD 可保存该视图的中心、查看方向、缩放比例、透视设置，以及视图是创建在模型空间还是布局中。还可以将当前的 UCS 保存在视图中，以便在恢复视图的同时，也恢复 UCS。

　　用户可以将当前视图（在当前视口中显示的所有内容）保存成命名视图，也可以将一个窗口区域保存成命名视图。在保存了一个命名视图后，可以随时在当前窗口中恢复该视图。

① 打开"视图管理器"对话框：选择"视图"→"命名视图"命令，弹出"视图管理器"对话框，如图 4-20 所示。

图 4-20 "视图管理器"对话框

② 新建视图：在"视图管理器"对话框中，单击"新建"按钮，弹出"新建视图/快照特性"，如图 4-21 所示。

③ 保存命名视图：在"新建视图/快照特性"对话框的"视图名称"文本框中，输入新建视图的名称，并对"边界"等相关参数进行设置，然后单击"确定"按钮，保存命名视图。

④ 恢复命名视图：完成命名视图操作后，在"视图管理器"对话框的"查看"区域可以看到命名的视图。需要恢复视图时，选择需要恢复的命名视图，单击"置为当前（O）"按钮，即可快速恢复命名视图。

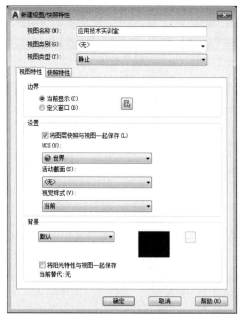

图 4-21 "新建视图/快照特性"对话框

⑤ 删除命名视图：如果不再需要一个命名视图，可以将其删除。在"视图管理器"

对话框中的"查看"选项区域，选中需要删除的命名视图，单击"删除"按钮即可。

（4）使用多重视口

视口是显示用户模型的不同视图的区域，选择"模型"选项卡，可将图形区域拆分成一个或多个称为模型视口的相邻矩形视图。在大的或复杂的图形中，显示不同的视图可以缩短在单一视图中缩放或平移的时间。

在绘制一张新图形时，该图形通常显示在"模型"选项卡中的单一视口中，并且整个图形充满视口。用户可以根据绘图需要，将绘图区分割成多重视口，每一个视口可以显示图形的不同部分，如图 4-22 所示。

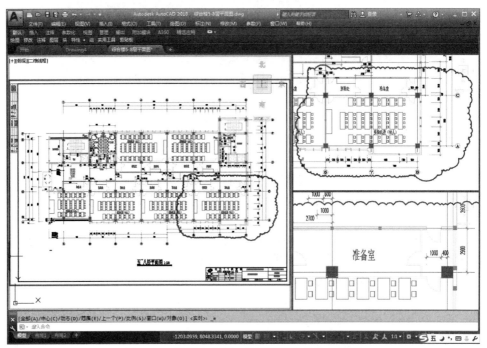

图 4-22　使用多重视口显示图形的整体与局部

① 创建多重视口：用户可以选择"视图"→"视口"→"新建视口"命令，弹出"视口"对话框，如图 4-22 所示，在该对话框中创建多重视口。在"新建视口"选项卡中，还可以控制创建视口的数量和视口的排列方式。也可以使用菜单选项，直接指定建立视口的数量和排列样式，如图 4-23 所示。

图 4-23　使用"视口"对话框创建多重视口

② 使用多重视口：将屏幕分割成多重视口后，在图形的显示控制方面，可以单独控制每一个视口。例如，可以在一个视口中进行缩放或平移而不影响其他任何一个视口的显示；在绘图方面，在一个视口中对图形进行任何修改，在其他视口中都会立刻显示图形的变化；可以随时从一个视口转换到另一个视口，甚至在执行一个命令的过程中，也可以进行转换。要转换视口，只需在新视口中单击，即可将其设置为当前视口。例如，可以在一个视口中开始绘制一条直线，然后，单击另一个视口，在该视口中指定直线的端点。

③ 视口特点：使用这种方式划分的视口，由于它们完全充满整个图形区域并且不能重叠，因此通常被称为"平铺视口"。"平铺视口"创建在模型空间中，与在图纸空间中创建的"浮动视口"不同，图纸空间视口用于创建在打印一个图形副本之前的最终布局。

④ 在不同的视口中显示不同的视图：绘制三维视图时，需要从多个角度同时观察图形对象，这时，可以将视图显示模式设置为"三维"，然后在不同的视口中定义不同的视图角度，将实体对象的主、俯、左视图等总览于绘图屏幕。

⑤ 如果不再需要使用多重视口显示图形，在菜单栏中选择"视图"→"视口"→"一个视口"命令即可。

提示：相比"平铺视口"，"浮动视口"使用方法更为灵活。关于"浮动视口"，将在"图形的布局与打印输出"实训中进行讲解。

绘图分析与画法

下面通过 6 个典型图形，如图 4-24 所示，继续分析使用 AutoCAD 绘图的方法与技巧。

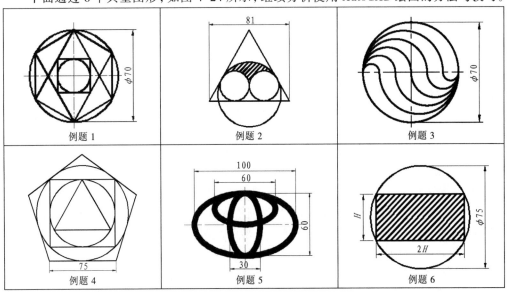

图 4-24　典型的几何图形

实训 4-
例题 1

1. 例题1

（1）绘图分析

通过分析可以发现，题目所给图形具有以下特点：

① 图形由圆和正多边形及内部连线组成。

② 由外及内分别为圆、正六边形、斜线、正四边形、圆。

③ 外围大圆直径为已知。

（2）绘图

① 在"绘图"功能面板中，单击"构造线"按钮，使用相对坐标绘制辅助线。

② 选择"绘图"→"圆"→"圆心、直径"命令，以辅助线交点为圆心，绘制直径为 70 的外轮廓圆。

③ 在"绘图"功能面板中，单击"多边形"按钮，输入多边形的边数 6，选取圆心作为多边形中心，确定内接于圆，捕捉圆的上象限点，绘制正六边形。

④ 在"绘图"功能面板中，单击"直线"按钮，捕捉正六边形的角点，绘制内部斜线。

⑤ 在"绘图"功能面板中，单击"构造线"按钮，绘制辅助线，第一点捕捉圆心，第二点坐标为（@1,1）。

⑥ 在"绘图"功能面板中，单击"矩形"按钮，捕捉辅助线与图形斜线的交点，绘制矩形（正方形）。

⑦ 选择"绘图"→"圆"→"相切、相切、相切"命令，绘制矩形内接圆。完成绘图操作。绘图分步示例如图 4-25 所示。

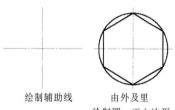

绘制辅助线 　由外及里 　绘制内部斜线 　添加新辅助线 　绘制矩形（正方形）内
　　　　　绘制圆、正六边形 　　　　　　绘制矩形正方形 　　接圆

图 4-25　例题 1 绘图分步示例

实训 4-
例题 2

2. 例题 2

（1）绘图分析

通过分析可以发现，题目所给图形具有以下特点：

① 图形由圆和正三角形组成，正三角形边长为已知。

② 正三角形底部有两个相等的内切圆。

③ 过内切圆与正三角形的切点，另有一个大圆。

④ 小圆及大圆的半径均未直接给出。

（2）绘图

① 在"绘图"功能面板中，单击"多边形"按钮，输入多边形的边数 3，选取参数 E，在屏幕上单击鼠标指定正三角形边的第一个端点，使用相对坐标，指定边的第二个端点及方向，绘制正三角形。

② 在"绘图"功能面板中，单击"构造线"按钮，绘制三角形底边的中垂线。

③ 选择"绘图"→"圆"→"相切、相切、相切"命令，捕捉三角形两边及中垂线，绘制两个内切圆。

④ 在"绘图"功能面板中，单击"构造线"按钮，捕捉内切圆与三角形斜边的切点和内切圆圆心，绘制新的辅助线，确定大圆圆心。

⑤ 选择"绘图"→"圆"→"圆心、半径"按钮，捕捉辅助线交点作为圆心，以内切圆与三角形斜边切点为半径，绘制大圆。

⑥ 在"绘图"功能面板中，单击"图案填充"按钮，"激活图案填充创建"选项卡，进行填充操作或调出"图案填充和渐变色"对话框，进行填充操作。单击"边界"选项区

域的"添加：拾取点"按钮，返回绘图界面，在待填充区域内单击，所选填充区域边界呈亮显状态，并在该区域右击，在弹出的菜单中选择"确认"命令，确认此操作，返回"图案填充和渐变色"对话框。然后指定填充图案，在"类型和图案"选项区域，选择填充图案类型，单击对话框左下角的"预览"按钮，预览填充效果。此时，若对效果不满意，在绘图区单击，返回"图案填充和渐变色"对话框，可对填充图案、图案角度和图案比例等参数进行修改，直至满意为止，最后单击"确定"按钮，完成图案填充操作。

⑦ 删除辅助线，完成绘图操作。绘图分步示例如图 4-26 所示。

绘制正三角形　　添加辅助线　　添加辅助线　　绘制大圆　　填充及标注
　　　　　　　　绘制内切圆　　确定大圆圆心

图 4-26　例题 2 绘图分步示例

3. 例题 3

（1）绘图分析

在实训三中已对该图形做过分析并使用"圆弧"命令完成绘制，这里将使用"多段线"命令绘制该图形。通过对比，体会使用 AutoCAD 命令的绘图特点。

实训 4-
例题 3

（2）绘图

① 在"绘图"工具面板中，单击"直线"按钮，在绘图区域单击任选一点，然后，使用相对坐标输入法，确定直线的下一个端点，绘制一条长度为 70 的水平直线。

② 选择"绘图"→"圆"→"两点"命令，捕捉直线的两个端点，绘制外轮廓圆。

③ 选择"绘图"→"点"→"定数等分"命令，根据命令行提示，选择圆的直径，将其六等分。（可以通过选择"格式"→"点样式"命令，修改点样式，以显示点）。

④ 在"绘图"工具面板中，单击"多段线"按钮，根据命令行提示，捕捉起点，输入"A"，进入绘制圆弧状态，再次输入"A"，输入角度绘制圆弧，然后捕捉圆弧的另一个端点，完成第一个半圆弧的绘制。此时多段线命令并未结束，仍然处于绘制圆弧状态，仍然以输入角度的方式绘制圆弧，继续捕捉下一点，绘制半圆弧。

⑤ 在绘制圆弧的过程中，圆弧方向自动按照顺时针、逆时针方向交替变化，当需要改变圆弧方向时，应该重新输入圆弧角度值，按照起点、端点捕捉顺序，顺时针画弧，输入角度值为负；逆时针画弧，输入角度值为正。

⑥ 绘图分步示例如图 4-27 所示。

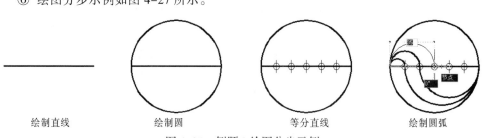

绘制直线　　　　绘制圆　　　　等分直线　　　　绘制圆弧

图 4-27　例题 3 绘图分步示例

4. 例题 4

（1）绘图分析

通过分析可以发现，题目所给图形具有以下特点：

① 图形由多边形和圆相互内接（内切）组成。

② 所有图形同心。

③ 正五边形边长为已知。

（2）绘图

① 在"绘图"功能面板中，单击"多边形"按钮，输入正多边形的边数 5，输入"E"，在绘图区单击指定正五边形边的第一个端点，使用相对坐标，指定边的第二个端点及方向，绘制正五边形。

② 选择"绘图"→"圆"→"相切、相切、相切"命令，捕捉五边形的 3 条边，绘制内切圆。

③ 在"绘图"功能面板中，单击"构造线"按钮，捕捉内切圆圆心作为第一点，指定另一点，其坐标为（@1,1），绘制辅助线，确定圆内接四边形的角点位置，绘制正四边形。

④ 选择"绘图"→"圆"→"相切、相切、相切"命令，捕捉正四边形的 3 条边，绘制内切圆。

⑤ 在"绘图"功能面板中，单击"多边形"按钮，输入多边形的边数 3，捕捉圆心作为三角形的中心，输入"I"使三角形内接于圆，捕捉圆的上象限点，绘制正三角形。

⑥ 绘图分步示例如图 4-28 所示。

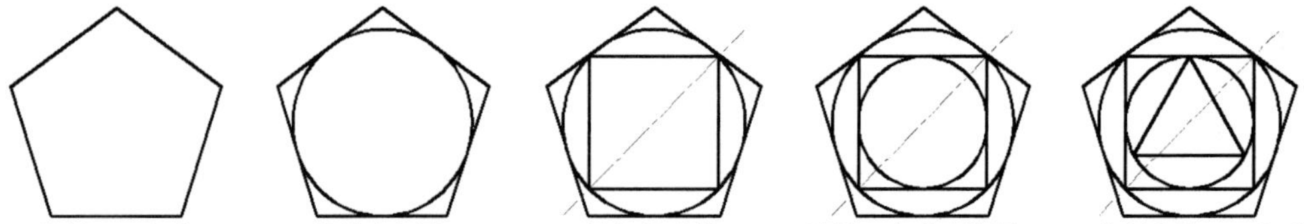

绘制正五边形　　绘制内切圆　　添加辅助线　　绘制四边形内接圆　　绘制内接正三角形
　　　　　　　　　　　　　　　　　　　　绘制正四边形

图 4-28　例题 4 绘图分步示例

5. 例题 5

（1）绘图分析

通过分析可以发现，题目所给图形具有以下特点：

① 图形由 3 个椭圆相交组成。

② 小椭圆长轴与大椭圆短轴等长，小椭圆短轴长为大椭圆短轴长的一半。

③ 椭圆参考数值为：大椭圆 100×60，水平小椭圆 60×30，竖直小椭圆 30×60。

（2）绘图

① 在"绘图"工具面板中，单击"构造线"按钮，绘制辅助线。

② 在"绘图"工具面板中，单击"椭圆"按钮，输入"C"，捕捉辅助线交点，确定椭圆中心，根据命令行提示，在水平方向输入长半轴长 50，在竖直方向输入短半轴长 30，绘制大椭圆。

③ 继续重复执行"椭圆"命令，根据命令行提示，捕捉大椭圆的中心点和上端点，

确定水平小椭圆的短轴长，然后输入长半轴长 30，绘制水平小椭圆。

④ 继续重复执行"椭圆"命令，根据命令行提示，捕捉大椭圆的下端点和上端点，确定竖直小椭圆的长轴长，然后输入短半轴长 15，绘制竖直小椭圆。

⑤ 选择 3 个椭圆，定义线宽，并显示线宽，完成图形的绘制工作（参考实训八，编辑对象特性）。

⑥ 绘图分步示例如图 4-29 所示。

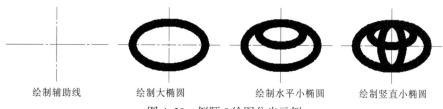

| 绘制辅助线 | 绘制大椭圆 | 绘制水平小椭圆 | 绘制竖直小椭圆 |

图 4-29　例题 5 绘图分步示例

6. 例题 6

（1）绘图分析

在实训三中已对该图形做过分析并使用"直线"命令完成正四边形的绘制，这里将使用"矩形"命令绘制四边形并对其进行填充。通过对比，体会使用 AutoCAD 命令绘图的方法和技巧。

（2）绘图

① 选择"绘图"→"圆"→"圆心、直径"命令，绘制外轮廓圆。

② 在"绘图"工具面板中，单击"构造线"按钮，绘制两端无限延伸的直线。

③ 捕捉圆心作为构造线的第一点，然后，使用相对坐标输入法，确定直线的下一个端点，使其满足 2∶1 坐标关系（@2,1），确定构造线的第二点，画出构造线。

④ 在"绘图"工具面板中，单击"矩形"按钮，先后捕捉构造线与圆的交点，绘制四边形。

⑤ 在"绘图"工具面板中，单击"图案填充"按钮，激活"图案填充创建"选项卡，再继续单击对话框启动按钮，弹出"图案填充和渐变色"对话框，单击"边界"选项区域中的"添加：选择对象"按钮，返回绘图界面，单击四边形，使其边界呈亮显状态，在填充区域右击，在弹出的菜单中选择"确认"命令，确认此操作，返回"图案填充和渐变色"对话框。然后指定填充图案，在"类型和图案"选项区域，选择填充图案类型，单击对话框左下角的"预览"按钮，预览填充效果。此时，若对填充效果不满意，则单击鼠标返回"图案填充和渐变色"对话框，对填充图案、图案角度、图案比例等参数进行修改，直至满意为止，最后单击"确定"按钮，完成图案填充操作。

⑥ 删除辅助线，完成绘图操作。绘图分步示例如图 4-30 所示。

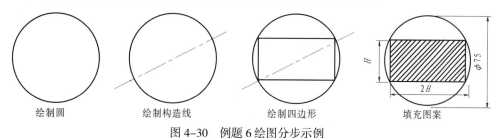

| 绘制圆 | 绘制构造线 | 绘制四边形 | 填充图案 |

图 4-30　例题 6 绘图分步示例

实训 4—
例题 7

7. 例题 7

某学院实训室平面图如图 4-31 所示，图中所标注的功能分区及工位布置均为假想设计，请根据教学需要设计内部功能分区及工位分布。

图 4-31　例题 7 图例

（1）机房布置要求

室内空间设计不是简单地用 AutoCAD 进行绘图，而是通过 AutoCAD 将设计者的意图表达出来。设计师在确定一个房屋布置的设计方案前，需要对房屋的结构和各部分的尺寸进行详细的了解，再依此构思设计方案。

参考建筑设计规范相关国家标准，结合本校教学需要，确定本实训机房布置要求如下：

① 工位数量依据课程特点及教学需要确定。

② 计算机教室应附设一间辅助用房供管理员工作及存放教学资料。宜就近设置计算机课程任课教师的办公室。

③ 计算机桌椅布置需符合下列原则：

a. 学生计算机桌的平面尺寸不小于：长 0.75 m（每个学生），宽 0.65；前后桌最小距离为 0.75 m；桌端部与墙面（含凸出物）间的最小距离为 0.15 m。

b. 纵向走道最小净宽为 1.0 m。

c. 学生计算机桌椅可平行于黑板排列，也可顺侧墙及后墙成围合式排列。

④ 教室地面宜采用防静电架空地板，不得采用木地板或无导出静电功能的塑料地板。

（2）绘图分析

根据教学需要，拟定完成容量为 36 人的计算机实训室功能分区及工位分布设计。分析现有 CAD 图可知，实训室房间长为 12.675m，宽为 7.8m，依据学校建筑规范和本空间的具体功能需求，确定设计尺寸如下：

① 学生工位的长宽尺寸为 0.75 m 和 0.65 m。

② 教师工位的长宽尺寸为 1.5 m 和 0.65 m。

③ 前后工位距离为 0.70 m，纵向走道净宽为 1.25 m，充分实现最佳人流分布设计。

④ 配套座椅的尺寸依据人体工程学的相关规范定义长宽分别为 0.45 m 和 0.35 m。

根据以上参数的设定将在固有空间中得到 6 行 6 列的机房工位布置图，根据其特点将使用相对坐标、基点偏移和矩形命令来完成制作。

（3）绘图

① 在"绘图"工具面板中，单击"矩形"按钮，捕捉左上柱体的右下角点确定矩形的第一个角点，然后指定另一个角点，其坐标为（@750,-650），完成单个学生工位制作，如图 4-32 所示。

```
命令：_rectang
指定第一个角点或 [倒角(C)/标高(E)/圆角(F)/厚度(T)/宽度(W)]：
指定另一个角点或 [尺寸(D)]：@750,-650
命令：
```

图 4-32　学生工位绘制示例

② 继续单击"矩形"按钮，输入"From"，指定基点，捕捉已绘制矩形的左下角点作为基点，然后指定第一个角点，其坐标为（@150,-175），指定另一个角点，其坐标为（@450,-350），完成座椅绘图操作，如图 4-33 所示。

```
命令：_rectang
指定第一个角点或 [倒角(C)/标高(E)/圆角(F)/厚度(T)/宽度(W)]：from 基点：<偏移>：
@150,-175
指定另一个角点或 [尺寸(D)]：@450,-350
```

图 4-33　座椅绘制示例

提示：From（命令修饰符）命令用于定位某个点相对于参照点的偏移。在定位点提示下，输入"From"，然后输入临时参照或基点（可以指定自该基点的偏移以定位下一点）。输入自该基点的偏移位置作为相对坐标，或使用直接距离输入。注意：在命令（如"移动"和"复制"）中进行拖动时不能使用此方法。通过键盘输入或使用定点设备指定绝对坐标值，可取消 From 命令。

③ 同理，使用相同的命令和方法，完成教师工位和其他学生工位的绘制。完成效果如图 4-34 所示。

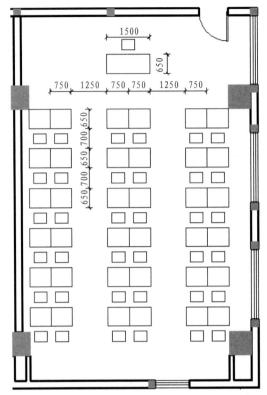

图 4-34　计算机教室机位分布示例

习 题

1. 查阅 AutoCAD 联机帮助文档，说明"使用窗口缩放"和"范围缩放"的操作方法。

2. 查阅 AutoCAD 联机帮助文档，说明"鸟瞰视图"的操作方法。

3. 结合上机实训情况，查询 AutoCAD 联机帮助，参考下列格式，归纳整理本实训所练习的各个命令，如表 4-1 所示。

表 4-1　练习命令

命　令	调 用 方 法	功　用	退 出 方 法
Polygon	"绘图"功能面板： "绘图"菜单："多边形" 命令行：Polygon	绘制正多边形	绘制多边形操作完成后自动退出命令

4. 下面为例题 1 示范格式，参考命令行/文本窗口提示信息，写出例题 2～例题 6 详细操作步骤。

命令: Circle
指定圆的圆心或 [三点(3P)/两点(2P)/相切、相切、半径(T)]:　　　　← 选取任意点为圆心
指定圆的半径或 [直径(D)]: 35　　　　　　　　　　　　　　　　　← 输入半径 35
命令: Polygon
输入边的数目 <4>: 6　　　　　　　　　　　　　　　　　　　　　← 输入边数 6
指定正多边形的中心点或 [边(E)]:　　　　　　　　　　　　　　　← 选取中心点 A
输入选项 [内接于圆(I)/外切于圆(C)] <I>: I　　　　　　　　　　← 输入内接于圆选项 I

指定圆的半径:　　　　　　　　　　　　　　　　　　← 选取象限点 B
命令: Line ✎　　　　　　　　　　　　　
指定第一点:　　　　　　　　　　　　　　　　　　← 选取交点 C
指定下一点或 [放弃(U)]:　　　　　　　　　　　← 选取交点 D
指定下一点或 [放弃(U)]:　　　　　　　　　　　← 选取交点 E
指定下一点或 [闭合(C)/放弃(U)]:　　　　　　← 按【Enter】键完成绘制

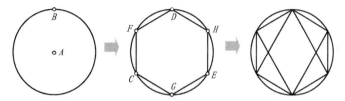

命令: Line ✎
指定第一点:　　　　　　　　　　　　　　　　　　←选取交点 F
指定下一点或 [放弃(U)]:　　　　　　　　　　　←选取交点 G
指定下一点或 [放弃(U)]:　　　　　　　　　　　←选取交点 H
指定下一点或 [闭合(C)/放弃(U)]:　　　　　　←按【Enter】键完成绘制
命令: Xline ✎
指定点或 [水平(H)/垂直(V)/角度(A)/二等分(B)/偏移(O)]:　　← 选取中心点 A
指定通过点: @1<45　　　　　　　　　　　　　　　　← 输入另一个点坐标（@1<45）
建立一条 45° 的建构线
指定通过点:　　　　　　　　　　　　　　　　　　　←【Enter】完成
命令: Rectang ▱
指定第一个角点或 [倒角(C)/标高(E)/圆角(F)/厚度(T)/宽度(W)]:　← 选取交点 I
指定另一个角点或 [尺寸(D)]:　　　　　　　　　　　← 选取交点 J
命令: Circle ◎
指定圆的圆心或 [三点(3P)/两点(2P)/相切、相切、半径(T)]:　　← 选取中心点 A
指定圆的半径或 [直径(D)]: 35　　　　　　　　　　　← 选取中点 K
命令: Erase ✎
选择对象:　　　　　　　　　　　　　　　　　　← 选取建构线 A
选择对象:　　　　　　　　　　　　　　　　　　← 按【Enter】键完成绘制

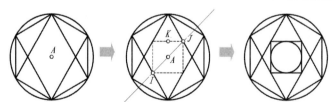

5. 测量羽毛球拍实物，绘制图 4-35 所示的图形。(提示: 假设球拍头为正椭圆形。球拍头使用 "椭圆" 命令绘制，拍柄使用 "多段线" 命令绘制)

图 4-35　习题 5 图

6. 分析并绘制图 4-36 所示的效果。

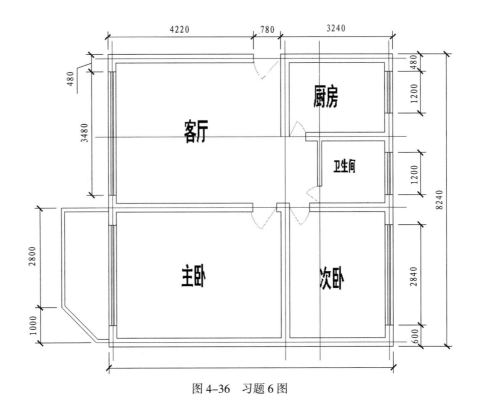

图 4-36　习题 6 图

实训 五 图形管理和辅助绘图

实训内容

学习绘制复杂图形之前的一些准备工作，包括设置图形单位与界限、设置图层、设置捕捉和追踪功能等。

学习查询长度、面积等图形信息的方法。

实训要点

使用 AutoCAD 的目的是辅助设计与绘图，也就是利用计算机进行设计并将设计成果用于指导生产，这就要求设计必须符合一定的格式要求、保证一定的精度，并便于图形的组织与管理。

这部分内容，对于绘制和管理复杂图形具有十分重要的意义，建议结合具体绘图工作努力研习。

知识准备

1. 设置图形单位与界限

利用 AutoCAD 绘制工程图时，一般是根据绘图对象的实际尺寸来绘制的，这就需要选择某种度量单位作为标准，才能绘制出精确的工程图，并且通常还需要为图形设置一个类似图纸边界的界限，目的是使绘制的图形对象能够按合适的比例打印，因此在绘制工程图之前，通常需要设置图形单位与界限。

AutoCAD 可以使用任何实际单位进行绘图，如毫米、厘米、米和千米等。不管采用何种单位，都只以图形单位来计算绘图尺寸。图形单位在默认情况下使用十进制单位进行数值显示或数据输入，用户可根据具体工作需要设置单位类型和数据精度。

（1）设置图形单位

设置图形单位时，既可以在创建图形文件时选择图形文件的单位制，也可以在建立或打开图形文件后修改图形单位的格式，以便按精度要求绘制工程图样。最直观、最简单的设置方法是使用"图形单位"对话框，进行调整修改。

① 选择图形单位制：在创建新图时，可以选用一个已有的绘图样板文件套用默认格式，也可以自行创建一个新的图形文件，使用新的图形单位制。如果不想套用已有格式的样板文件，则可以在打开文件时，选择"打开"下拉列表中的"无样板打开—公制(M)"选项，创建一个新的公制单位的图形文件。

② 修改图形单位格式：在建立或打开一个图形文件后，如果需要对原有图形单位进行修改或调整，可在"图形单位"对话框中对相关项目进行设置。

在菜单栏中，选择"格式"→"单位"命令，弹出"图形单位"对话框，可在其中设置"长度"、"角度"和"精度"等参数。

也可在命令行中，输入"Units"命令，弹出"图形单位"对话框，在其中进行设置。"图形单位"对话框如图 5-1 所示。

图 5-1 "图形单位"对话框

（2）设置图形界限

AutoCAD 系统对作图范围没有限制，可以将绘图区看作一幅无穷大的图纸，但所绘图形的大小是有限的，在 AutoCAD 中，系统提供了"图形界限"命令来设置绘图界限，即设置图纸的大小。

绘图界限即标明的工作区域和图纸的边界，通过设置绘图界限可以给绘图带来方便。国家标准规定的工程图图纸规格为：A0（1189mm×841mm）、A1（841mm×594mm）、A2（594mm×420mm）、A3（420mm×297mm）、A4（297mm×210mm）。设置图纸边界时，通常以坐标原点作为图纸左下角点，以所选规格图纸的长宽值作为图纸右上角点。

设置图形界限的具体方法为（以设置 A4 规格图纸为例）：

① 选择"格式"→"图形界限"命令，根据命令行提示，指定左下角点坐标为（0,0），此时直接按【Enter】键即可，接着输入右上角点坐标（297,210），按【Enter】键确定。

② 在命令行输入"Limits"命令，根据命令行提示确定图纸界限。

③ 设定图形界限并开启"栅格"功能后，绘图区显示表示图形界限的栅格点，会使绘图更加直观方便。

④ 设定图形界限后，必须选择"开（ON）"命令，打开界限检查，才能有效约束绘图范围，否则仍然可以在界限范围之外绘图。打开界限检查后，将无法输入栅格界线外的点。因为界限检查只测试输入点，所以对象（例如圆）的某些部分可能会延伸出栅格界限。

提示：AutoCAD 没有明显的页面概念，对于 AutoCAD 的工作区域，大多数时候，可以认定为是一个无边界限制的大图纸，可以在上面绘制任意大小的图形。待打印输出时，再根据绘图需要定义图纸规格，打印输出到合适的纸张上。

2. 设置图层

传统的绘图方法是将所有图形元素（轮廓线、中心线和尺寸标注等）都绘制在一张图纸上，该图纸几乎包含所有的图形信息，全面而丰富；但另一方面也会带来图面繁琐、不利于进行图形分析的弊端。为便于图形信息的组织与管理，AutoCAD 提供了图层管理功能，图层是 AutoCAD 中组织图形的最有效的工具之一，图形对象必须绘制在某一层上，它可以是默认的图层或自己创建的图层。

图层有图层名称标识，它本身也是一个非图形对象。用户可以利用图层来组织自己的图形或利用图层的特性区分不同的对象。引入图层概念后，可以将诸如轮廓线、中心线和尺寸标注等各种图形信息分类管理，将特性相似的图形信息分层显示，其结果使图形变得一目了然，使绘图及图形分析简单易行，还可以提高绘图效率，整幅图相当于各个图层的叠加。

（1）创建图层

AutoCAD 提供了多种命令创建图层，创建图层在"图层特性管理器"对话框中进行，如图 5-2 所示。

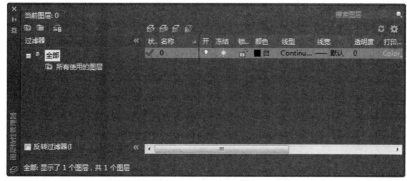

图 5-2 "图层特性管理器"对话框

① 通过菜单栏：单击"格式"菜单，选择"图层"命令，弹出"图层特性管理器"对话框，单击"新建图层"按钮 ，建立新图层。

② 通过功能面板：单击"图层"功能面板中的"图层特性"按钮，弹出"图层特性管理器"对话框，单击"新建图层"按钮 ，建立新图层。

③ 通过命令行：直接在命令行输入命令"Layer"，弹出"图层特性管理器"对话框，单击"新建图层"按钮 ，建立新图层。

提示：对不需要的图层可以将其删除，弹出"图层特性管理器"对话框，选中待删除的图层，单击"删除图层"按钮 ，再单击"应用"按钮，完成删除操作。特别要说明的是：0 层、当前层、使用外部参照的图层，以及包含对象的图层不能被删除。

（2）命名图层

建立新图层时，系统按照图层 1、图层 2、……自动命名图层。使用默认图层名称不利于后续管理，应该用有明确含义的名称重新命名图层，如"中心线"、"轮廓线"和"尺寸标注"等，如图 5-3 所示。

① 新建图层时命名图层：新建图层时，其默认名称处于可编辑状态，此时可以直接输入新的名称命名图层，然后继续创建新的图层，完成操作后，单击"确定"按钮即可。

② 重新命名图层名称：打开"图层特性管理器"对话框，单击已选中的图层名称，使图层名称变为可编辑状态，输入新的图层名称，单击"确定"按钮即可。

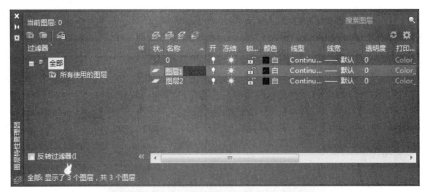

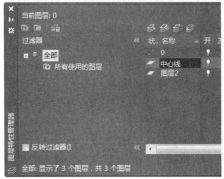

图 5-3　命名图层

（3）切换当前图层

绘图操作只对当前图层有效，所以当需要在某个图层上绘制图形时，应该先将该图层切换为当前图层。在图层功能面板中显示的图层为当前图层。开始绘制一张新图时，系统默认当前图层为 0 层。

① 在"图层特性管理器"对话框中指定当前图层：选择图层，单击"置为当前"按钮 ，即可将所选图层指定为当前图层。

② 利用"图层"工具面板：在未选定任何图形对象的情况下，在"图层"功能面板中，打开"图层"下拉列表，选择图层名称，即可将其设置为当前图层，如图 5-4 所示。

图 5-4　切换当前图层

提示：在选定图形对象的情况下，在"图层"功能面板中，打开"图层"下拉列表，单击图层名称，是将所选对象调整到指定图层，当前图层并未发生变化。

（4）设置图层属性

每个图层都有名称、颜色、线型、线宽和打印样式 5 个属性，有开/关、锁/解锁、冻结/解冻、打印/不打印、新视口冻结/解冻 10 个状态。绘制的图形对象除了可以直接使用在图层定义的特性外，用户也可以专门给各个对象指定特性。图层定义好后，即有了默认的属性，但这些图层属性是无差异的，为了区别各个图层，应该为每个图层设置不同的属性，使不同的图层具有不同的线型、颜色和状态，并将具有相同线型、颜色和状态的图形对象放到相应的图层上。这样在绘制图形时，就可以通过图层的颜色、线型和线宽等图层属性来直接区分不同类型的图形对象，从而方便管理和提高工作效率。图 5-5 所示为图层特性管理器对话框。

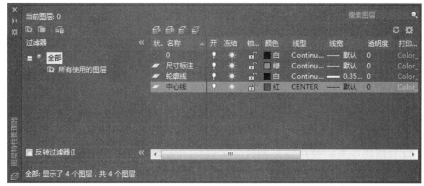

图 5-5　设置图层属性

① 设置图层颜色：所谓图层的颜色，是指该图层中实体对象的颜色，每一个图层应具有一定的颜色。在"图层特性管理器"对话框中，单击相应图层右侧的"颜色"选项，弹出"选择颜色"对话框，选择一个颜色，单击"确定"按钮，完成颜色设置。通常选用 7 种标准颜色：红色、黄色、绿色、青色、蓝色、紫色和白色，这 7 种颜色区别较大，每种颜色都有名称，在复杂图样中很容易区别出来。此外，还可以在"真彩色"选项卡中选择更丰富的颜色，如图 5-6 所示。

提示：建立图层时，图层的颜色默认承接上一个图层的颜色。对于 0 图层系统默认的是 7 号颜色，该颜色相对于黑的背景显示白色，相对于白的背景显示黑色（仅该色例外，其他颜色不论背景如何，颜色不变）。

② 设置图层线型：图层的线型是指在图层中绘图时所用的线型，每一层都应有一个相应的线型，线型是由短线、点和空格组成的重复图案。新建图层时，系统默认线型为 Continuous，即实线线型。在使用一种线型之前，必须先将其加载到当前图形文件中，加载线型需要在"加载或重载线型"对话框中进行，AutoCAD 为用户提供了标准的线型库，存放在 ACADISO.LIN 和 ACAD.LIN 文件中，用户可以从中选择线型。常用的线型有 Border、Center、Continuous、Dash dot、Dashed、Divied、Dot、Hidden 和 Phantom 等。

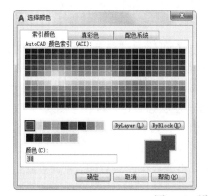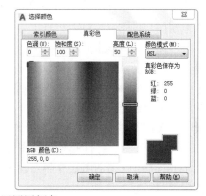

图 5-6　设置图层颜色

在"图层特性管理器"对话框中，单击相应图层的线型，弹出"选择线型"对话框，如图 5-7（a）所示，单击"加载"按钮，弹出"加载或重载线型"对话框，如图 5-7（b）所示，选择一个线型，单击"确定"按钮，返回"选择线型"对话框，选择新加载的线型，单击"确定"按钮，完成线型的设置，如图 5-7（c）所示。

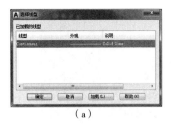  

（a）　　　　　　　　　　（b）　　　　　　　　　　（c）

图 5-7　设置图层线型

③ 设置图层线宽：使用线宽特性，可以将图形信息表示得更形象、更全面、更便于读图。在"图层特性管理器"对话框中，单击相应图层的线宽（默认为 0.25 mm），弹出"线宽"对话框，如图 5-8（a）所示，选择一个线宽值，单击"确定"按钮，完成线宽设置。或者选择"格式"→"线宽"命令，弹出"线宽设置"对话框，如图 5-8（b）所示，进行更多项目的设置。

 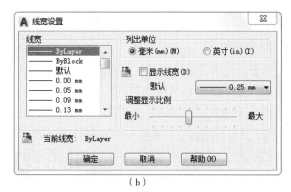

（a）　　　　　　　　　　　　　（b）

图 5-8　设置图层线宽

提示： 在状态栏中单击"线宽"按钮，可以控制绘图窗口中线宽的显示或不显示。在图层中设置的颜色、线型和线宽等图层属性可以直接应用于打印图纸。

（5）控制图层的显示状态

如果工程图中包含大量信息且有很多图层，则可以通过控制图层状态使观察分析、绘制编辑等工作变得更为方便。图层状态主要包括：打开与关闭、冻结与解冻、锁定与解锁、打印与不打印等。AutoCAD 采用不同样式的图标及相应的文字提示来表示这些状态。用户可在"图层对象管理器"对话框中更改、设置图层状态，也可以在"图层"工具面板中进行相关设置。关闭某些图层，将使绘图区变得轮廓清晰、易读，有利于提高绘图效率。

① 打开与关闭图层：打开与关闭图层即控制图层的可见性，处于打开状态的图层是可见的，而处于关闭状态的图层是不可见的，且不能被编辑或打印。但在重新生成图形时，关闭的图层也将一起被生成。

在"图层"功能面板中，打开"图层"下拉列表，单击图层名称前面的 🔘 或 🔘 按钮，即可将选择图层关闭或打开，如图 5-9 所示。

图 5-9　打开与关闭图层

② 冻结与解冻图层：冻结图层可以减少复杂图形生成时的显示时间，并且可以加快绘图、缩放和编辑等命令的执行速度。处于冻结状态图层上的图形对象将不能被显示、打印或重生成，当前图层不能被冻结。解冻图层将重生成并显示该图层上的图形对象。

在"图层"功能面板中，打开"图层"下拉列表，单击图层名称前面的 🔘 或 🔘 按钮，即可将选定图层冻结或解冻，如图 5-10 所示。

图 5-10　冻结与解冻图层

提示：解冻一个图层将使整个图形重新生成，而打开一个图层只是重画这个图层上的图形对象。因此，如果需要频繁地改变图层的可见性，建议使用关闭图层而不是冻结图层。

③ 锁定与解锁图层：通过锁定图层，可以使图层中的对象不能被编辑和选择，但被锁定的图层是可见的，并且用户可以查看和捕捉此图层上的对象，还可以在此图层上绘制新的图形对象。解锁图层就是将图层恢复为可编辑和选择的状态。

在"图层"功能面板中，打开"图层"下拉列表，单击图层名称前面的 🔘 或 🔘 按钮，即可将选择的图层锁定或解锁，如图 5-11 所示。

图 5-11　锁定与解锁图层

④ 打印与不打印图层：在打印工程图时，绘图过程中的一些辅助线通常不需要打印，此时可以将这些辅助线所在的图层设置为不打印的图层。图层被设置为不打印后，该图层上的图形对象仍会显示在绘图窗口中。只有当图层处于打开与解冻状态下，才可以进行图层的打印设置。此外，若图层设置为可打印，但该图层处于冻结或关闭状态下，则 AutoCAD 在打印工程图时将不打印该图层。

在"图层特性管理器"对话框中，单击图层名称后面的 🔘 或 🔘 按钮，即可设置该图层打印或不打印。默认状态为打印该图层。

3. 设置图形对象特性

绘图中需要单独指定某一图形对象的颜色、线型和线宽时，可以通过设置图形对象的特性来完成。AutoCAD 提供了"对象特性"面板来设置图形对象的特性，通过该功能面板可以快速修改图形对象的颜色、线型和线宽等。在"特性"功能面板的相应选项的下拉列表框中选择需要的项目，即可完成选定图形对象的特性设置。"对象特性"功能面板如图 5-12 所示。

图 5-12 "特性"功能面板

提示： 默认情况下，"特性"工具面板的"颜色控制"、"线型控制"和"线宽控制"3 个特性栏都会显示为"Bylayer"，表示图形对象的颜色、线型和线宽等特性与其所在的图层特性相同。一般情况下，为便于管理图层与观察图形，在不需要特意指定某一图形对象的颜色、线型和线宽时，建议不要随意单独设置它们。

4. 设置线型的全局比例因子

在绘图时，经常需要绘制中心线、虚线等非连续线型。非连续线型是由短横线和空格等元素构成的，这种非连续线型的外观，如短横线的长短和空格的大小，取决于其线型比例因子，当绘制的中心线、虚线等非连续线型的外观看上去与实线一样时，可以采用修改线型比例因子的方法来调节线条的外观，以使其达到绘图要求。

设置线型全局比例因子的方法如下：选择"格式"→"线型"命令，弹出"线型管理器"对话框，如图 5-13（a）所示。再单击右上角的"显示细节"按钮，对话框底部显示"详细信息"选项组，如图 5-13（b）所示。在"全局比例因子"文本框中输入新的数值，然后单击"确定"按钮即可。此时之前呈实线状的中心线、虚线等非连续线，现在变得舒展明显了。

（a）"线型管理器"对话框　　　　　　　　　（b）"详细信息"选项组

图 5-13 设置线型的全局比例因子

5. 草图设置

由于绘图点位的坐标难于量化，为保证绘图精度，AutoCAD 为用户提供了多种绘图的辅助工具，如栅格、捕捉、正交、极轴追踪和对象捕捉等，这些辅助工具类似于手工绘图时使用的方格纸、三角板，加之强大的磁吸功能，可以更容易、更准确地创建和修改图形对象。用户可通过"草图设置"对话框，对这些辅助工具进行设置，以便能更加灵活、方便地使用这些工具辅助绘图。如图 5-14 所示为"草图设置"对话框，更多对于自动捕捉、自动追踪、操作环境、操作状态等选项的设置。在"选项"对话框中选择"绘图"选项卡进行设置，如图 5-15 所示。

（1）打开"草图设置"对话框

① 通过菜单栏：选择"工具"→"草图设置"命令，弹出"草图设置"对话框。

图 5-14　"草图设置"对话框

图 5-15　"绘图"选项卡

② 通过状态栏快捷按钮：右击状态栏中的"栅格"、"捕捉"、"极轴追踪"和"对象捕捉"等按钮，在弹出的菜单中选择"设置"命令，弹出"草图设置"对话框。

（2）使用栅格和捕捉功能

栅格是点的矩形图案，延伸到图形界限的整个区域，打开的栅格可以显示在绘图窗口中，但它并不是图形对象，因此不能从打印机中输出。利用栅格可以准确定位图形对象的位置，并能快速计算出图形对象的长度，从而有助于绘制图形。使用栅格类似于在图形下面放置一张坐标纸，用户可以指定栅格在 X 轴方向和 Y 轴方向上的间距，如图 5-16 所示。

开启或关闭栅格功能的方式：

① 在状态栏上单击"栅格"按钮 ▦。

② 按【F7】键进行切换。

③ 在"草图设置"对话框中选择或取消选择"启用栅格"复选框。

捕捉模式用于限制十字光标的移动位置，使其按照用户定义的间距移动，光标好像附着或捕捉到不可见的栅格，当要输入的点的坐标是某个数的整数倍时，使用捕捉将非常方便。通常情况下，需要同时开启栅格和捕捉功能，才能使光标精确定位于各个栅格点。捕捉类型分为"栅格捕捉"和"极轴捕捉"，"栅格捕捉"又包含"矩形捕捉"和"等轴测捕捉"两种模式，默认为矩形栅格捕捉模式，如图 5-16 所示。

开启或关闭捕捉功能的方式：

① 在状态栏上单击"捕捉"按钮 ▦。

② 按【F9】键进行切换。

③ 在"草图设置"对话框中选择或取消选择"启用捕捉"复选框。

（a）设置栅格间距　　　　　（b）设置捕捉间距　　　　　（c）设置捕捉类型

图 5-16　在"草图设置"对话框中设置捕捉和栅格

（3）使用正交功能

AutoCAD 提供了与绘图人员的丁字尺类似的绘图和编辑工具——正交功能，用于约束光标在水平或垂直方向上的移动。如果打开正交模式，则使用光标所确定的相邻两点的连线必须垂直或平行于坐标轴。因此，如果要绘制的图形完全由水平或垂直的直线组成时，使用这种模式是非常方便的。

开启或关闭正交功能的方式：

① 在状态栏上单击"正交"按钮 ▦。

② 按【F8】键进行切换。

提示：正交模式不影响从键盘上输入点。使用"正交"模式时，不能同时打开"极轴追踪"模式，但可同时关闭两者或只打开其中的某一个模式。

（4）使用对象捕捉功能

利用对象捕捉功能可以精确、快捷地捕捉图形对象上的特殊点，如端点、交点、中点和圆心等。打开对象捕捉开关，将光标移动到图形对象的捕捉点附近时，系统会产生自动捕捉标记、捕捉提示和磁吸，确保高效、精确绘图。

AutoCAD 在实际选择对象捕捉点时，首先在外观上预览可能的捕捉点。在将光标移动到对象上的捕捉点附近时，"磁吸"功能可将光标吸引到符合磁吸条件的对象捕捉点上，同时 AutoCAD 将会显示一个特殊标记和自动捕捉工具栏提示，提示捕捉点的类型，准确捕捉到既定点位。所以，捕捉类型不可同时设置过多，如果打开的捕捉模式过多，则图形较复杂时会彼此有较大的干扰。选择"工具"→"选项"命令，在弹出的对话框中选择"绘图"选项卡，可进行对象捕捉选项的设置。

打开或关闭对象捕捉的方式：

① 在状态栏上单击"对象捕捉"按钮。

② 按【F3】键进行切换。

③ 在"草图设置"对话框中选择或取消选择"启用对象捕捉"复选框。

设置对象捕捉类型的方式如下。

① 设置对象捕捉模式：在"草图设置"对话框中选择"对象捕捉"选项卡，如图 5-17（a）所示，可看到各种对象捕捉模式，选择相关选项后，单击"确定"按钮关闭对话框，即可使设置的捕捉类型生效，并一直持续到下次更改捕捉类型。

②在状态栏上单击"对象捕捉"按钮右侧的三角，弹出捕捉类型列表，选择相关选项，可快速设置对象捕捉类型，如图 5-17（b）所示。

（a）在"草图设置"对话框中设置对象捕捉　（b）使用状态栏设置对象捕捉

图 5-17　设置对象捕捉

③ 单点对象捕捉功能：为防止设置过多的捕捉功能造成干扰，此时可以按住【Shift】键右击，在弹出的菜单中指定捕捉对象类型，如图 5-18 所示。这种设置方式，只能使用一次，再次使用时需要重复设置。

提示：对象捕捉功能仅捕捉可见的图形对象，对于已经关闭的图层上的图形对象则不可捕捉。捕捉类型不可同时设置过多，否则，易造成操作干扰。

（5）使用极轴追踪功能

利用极轴追踪功能绘制直线时，光标可以按照指定的角度进行移动，用户在极轴追踪模式下确定目标点时，系统会在光标接近指定的角度方向上显示临时的对齐路径，并自动在对齐路径上捕捉距离光标最近的点（即极轴角固定、极轴距离可变），同时显示该点的信息提示，用户可据此准确地确定目标点，这样便于绘制具有倾斜角度的直线。例如，若设置的增量角度为 60°，则当光标移动到接近 60°、120°、180° 等方向时，AutoCAD 就会显示这些方向的临时对齐路径，此时输入线段的长度便可以绘制出沿此方向的线段。

打开或关闭"极轴追踪"功能的方式：

① 在状态栏上单击"极轴"按钮。

② 按【F10】键进行切换。

③ 在"草图设置"对话框中选择或取消选择"启用极轴追踪"复选框。

图 5-18 使用快捷菜单设置对象捕捉

　　在"草图设置"对话框的"极轴追踪"选项卡中有 3 个选项组用于设置极轴追踪功能参数。"极轴角设置"选项组用于设置极轴追踪的对齐角度，用户可以在"增量角"下拉列表中选择常用的对齐角度值，也可以根据需要新建附加角，设置多个任意角度值的对齐角度；另外两个选项组用于设置对象捕捉追踪选项和追踪对齐角度的基准，这两项建议使用默认值，如图 5-19 所示。

　　提示：如果仅需沿特定角度进行单次追踪，可以非常方便地指定该特定角度作为极轴角度覆盖（角度替代）。当系统提示指定下一点时，首先在命令行中输入极轴角度（$<X$，系统提示"角度替代：X"），即可实现单次追踪。一旦指定角度覆盖，就会注意到光标被锁定在指定的角度方向上，然后，沿该角度指定一个距离作为直线的另一个指定点，在指定下一点后，角度覆盖将会消失，并可以自由地移动光标。

　　（6）使用对象捕捉追踪功能

　　在 AutoCAD 中还提供了"对象捕捉追踪"功能，该功能可以看作是"对象捕捉"和"极轴追踪"功能的联合应用，即用户先根据"对象捕捉"功能确定对象的某一特征点，然后以该点为基准点进行追踪，来得到准确的目标点。在绘制或编辑对象时，对象捕捉追踪可以帮助选择沿着基于对象捕捉点的对齐路径上的位置。例如，可以基于一个矩形两边中点的对齐路径，确定矩形中点的位置，如图 5-20 所示。

图 5-19 设置极轴追踪功能

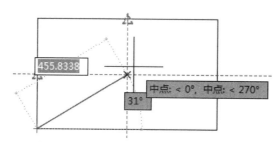

图 5-20 通过对象捕捉追踪功能确定一个点

开启或关闭对象捕捉追踪的方式：

① 在状态栏上单击"对象捕捉追踪"按钮■。

② 按【F11】键进行切换。

③ 在"草图设置"对话框中选择或取消选择"启用对象捕捉追踪"复选框。

激活"对象捕捉追踪"功能并设置好对象捕捉模式后，在命令行提示指定一个点时，将光标移动到所要追踪的对象上，并在该点短暂停留（不要单击），AutoCAD 将在该点附近出现一个小乘号（×），表示已获得该点，将光标移出该点，将会显示出临时对齐路径。用户可以利用获得的多个这样的点指定下一点。例如在图 5-20 中，就是利用了矩形两条边中点的追踪线交点，来确定直线下一点的。

提示：利用"对象捕捉追踪"功能，在绘制物体三视图时，可以有效保障"长对正、高平齐，宽相等"，使绘图更加轻松、快捷、准确。

6. 查询图形信息

在绘图过程中有时需要查询已绘制图形的信息及图形的各项设置，AutoCAD 提供了一整套查询命令，帮助用户快速获得图形信息，如距离、面积、周长、图形状态、图形特性和编辑时间等信息，如图 5-21 所示。

（a）使用"实用工具"面板"测量"图形信息

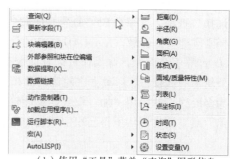

（b）使用"工具"菜单"查询"图形信息

图 5-21 "查询"图形信息

（1）获取距离和角度信息

在 AutoCAD 中用户可以检索有关两个指定点之间关系的信息。例如，两点之间的距离或它们在 *XY* 平面中的角度。

获取距离和角度信息的方式如下。

① 使用工具面板：在"测量"功能面板上单击"距离"按钮■。

② 使用菜单：选择"工具"→"查询"→"距离"命令。

③ 使用命令行：在命令行输入"Dist"命令。

选择相应命令后，根据命令行提示，先后指定第一点和第二点，系统会自动返回被查询对象的距离和角度信息，如图 5-22 所示。

图 5-22　查询距离和角度信息

（2）计算图形面积及周长

AutoCAD 提供的查询功能，可以帮助用户查询指定区域的面积，即可在指定一组点后或选择一条封闭多段线或圆后计算面积，也可以计算加入或减去多个对象后的面积。

计算图形面积及周长的方式如下。

① 使用工具面板：在"测量"功能面板上单击"面积"按钮 🔲。

② 使用菜单：选择"工具"→"查询"→"面积"命令。

③ 使用命令行：在命令行输入"Area"命令。

完成上述操作后，根据命令行提示，依次选择对象，完成查询工作。针对不同的图形对象要使用不同的查询方法。

① 查询由直线围成的简单图形的面积周长信息，例如查询矩形或三角形的面积，只需在选择相应命令后，根据命令行提示逐一选择矩形或三角形各角点后按【Enter】键即可，AutoCAD 将自动计算图形的面积、周长，并在文本窗口显示计算结果，如图 5-23（a）所示。

② 查询由曲线围成的简单图形的面积或周长信息，如圆或其他多段线、样条线组成的二维封闭图形，选择相应命令后，在命令行提示下，选择"对象（O）"选项，根据提示选择要计算的图形，AutoCAD 将自动计算图形的面积和周长，如图 5-23（b）所示。

③ 查询由简单直线、圆弧组成的复杂封闭图形，此时，不能直接选择"查询"→"面积"命令计算图形面积，而必须先使用"面域"命令将要计算面积的图形创建为面域，然后再选择"查询"→"面积"命令，在命令行提示下，选择"对象（O）"选项，根据提示选择刚刚建立的面域，AutoCAD 将自动计算图形的面积、周长。

④ 计算组合面积，此操作可以查询带有孔和内部轮廓的对象面积。具体方法是，先计算外轮廓的面积，然后减去内轮廓的面积。首先将所有的对象用"多段线编辑器"命令转化为多段线，然后用"加"模式计算外轮廓面积并将其加入数据库，退出"加"模式，然后用"减"模式，从所得面积中减去内轮廓面积，如图 5-23（c）所示。

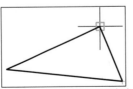

（a）查询三角形的面积周长信息

（b）查询圆的面积周长信息

图 5-23　查询面积和周长

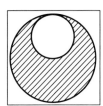

```
命令：
命令： _area
指定第一个角点或 [对象(O)/加(A)/减(S)]：A
指定第一个角点或 [对象(O)/减(S)]：O
（"加"模式）选择对象：
面积 = 296574.4084，圆周长 = 1930.5087
总面积 = 296574.4084
（"加"模式）选择对象：
指定第一个角点或 [对象(O)/减(S)]：S
指定第一个角点或 [对象(O)/加(A)]：O
（"减"模式）选择对象：
面积 = 74143.6021，圆周长 = 965.2544
总面积 = 222430.8063
（"减"模式）选择对象：
指定第一个角点或 [对象(O)/加(A)]：
```

（c）查询组合区域（填充区域）的面积周长信息

图 5-23　查询面积和周长（续）

（3）列表显示图形信息

AutoCAD 提供了多个命令显示图形中对象的有用信息，这些命令不会对图形产生任何影响。用户可以选择"查询"→"列表显示"命令，查询图形对象的详细信息，这些信息随对象类型不同而不同，一般包括对象类型、图层及颜色、直线长度、端点坐标、圆心位置、半径大小，以及圆的面积和周长等。

绘图分析与画法

1. 例题 1

建立 A4 样板文件，备用。

打开一张新图，完成设置图层、定义文字样式、标注样式、表格样式等准备工作后，将此文件另存为 .dwt 文件，即可建立个性化的样板文件，便于以后绘图使用。

提示：本例题中会涉及一些未讲到的知识，可以参考后面的实训内容，帮助理解，在本实训中能做多少就做多少，之后逐渐补充完成。

（1）打开一张新图

单击工具栏中的"新建"按钮，弹出"选择样板"对话框。在"打开"下拉列表中，选择"无样板打开－公制"选项，即可打开一张公制草图，如图 5-24 所示。

图 5-24　新建公制草图

（2）设置图纸范围

以草图方式打开一张新图时，AutoCAD 默认图纸大小为 A3。这里将其重新设置为 A4大小。

设置一张 A4 大小的图纸。选择菜单栏"格式"→"图形界限"命令，或在命令行输入 Limts 命令，设置 A4 图纸边界，如图 5-25 所示。

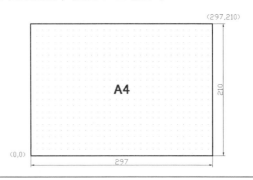

实训 5-
例题 1-
建立图层

```
命令：' limits
重新设置模型空间界限：
指定左下角点或 [开(ON)/关(OFF)] <0.0000,0.0000>：
指定右上角点 <420.0000,297.0000>：297,210
```

图 5-25　设置图纸范围

（3）设置绘图的图层

设置图层的名称、用途、颜色与线型，如表 5-1 所示。

表 5-1　设置绘图图层

图层名称	颜色色号	线性类别	线　宽	用　　途
0	白色-7	Countinuous	0.25mm	标准图层
轮廓线	白色-7	Countinuous	0.5mm	绘制粗实线部分
虚线	青色-4	HIDDEN	0.25mm	绘制虚线部分
中心线	红色-1	CENTER	0.25mm	绘制中心线部分
剖面线	绿色-3	Countinuous	0.25mm	绘制剖面线部分
文字	洋红-6	Countinuous	0.25mm	绘制文字部分
尺寸	蓝色-5	Countinuous	0.25mm	绘制尺寸部分
图框	灰色-8	Countinuous	0.25mm	绘制图框部分

① 设置图层：在"图层"功能面板中单击"图层特性"按钮，或在命令行输入 Layer 命令。

② 弹出"图层特性管理器"对话框，0 层为 AutoCAD 的标准图层。单击"新建"按钮，新建图层的名称处于可编辑状态，此时输入新的图层名称"轮廓线"。

③ 继续单击"新建"按钮，输入下一个图层名称。以此类推，建立虚线、中心线、剖面线、文字、尺寸、图框等新图层，如图 5-26 所示。

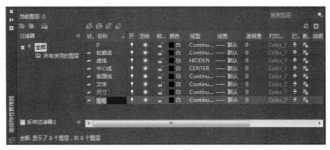

图 5-26　设置图层（1）

④ 修改图层颜色：选择要修改图层颜色的图层，例如，单击轮廓线图层的颜色色框，弹出"颜色"对话框。选择合适的颜色，例如选择白色，再单击"确定"按钮退出（也可以直接在色块上双击）。按照同样的方法修改其他图层的颜色，如图5-27所示。

⑤ 修改图层线型：选择要修改线型的图层，例如选择中心线层。单击该图层右侧的"线型"选项，弹出"选择线型"对话框，单击"加载"按钮，弹出"加载或重载线型"对话框，在该对话框中选择"CENTER"选项，再按住【Ctrl】键继续选取"HIDDEN"线型，完成后单击"确定"，如图5-28所示。

（a）选择7号白色

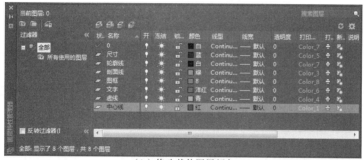

（b）修改其他图层颜色

图5-27　设置图层（2）

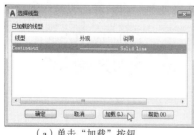

（a）单击"加载"按钮

（b）"加载或重载线型"对话框

图5-28　设置图层（3）

⑥ 加载 CENTER 和 HIDDEN 线型后，将轮廓线图层的线型设为 CENTER。按同样的方法将虚线图层的线型改为 HIDDEN，（HIDDEN 线型已经加载，直接选择即可）。

⑦ 修改图层线宽：为轮廓线图层定义线宽 0.5mm，其他图层线宽使用默认值。

⑧ 确认各个图层的名称、颜色、线型与线宽后，完成所有图层设置，如图5-29所示。关闭"图层特性管理器"对话框。

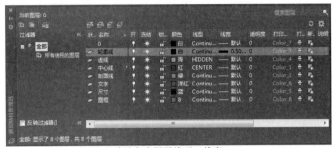

（a）确认各个图层线型、线宽

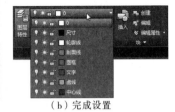

（b）完成设置

图 5-29　设置图层（4）

（4）绘制符合国家标准规定的图幅、图框

① 绘制 A4 图幅、图框：单击工具栏中的"矩形"按钮，绘制图纸边界线，输入左下角坐标（0,0），再输入右上角坐标（297,210）；然后继续单击工具栏"矩形"按钮，绘制图纸图框线，输入左下角坐标（25,5），再输入右上角坐标（292,205）。效果如图 5-30所示（上述坐标值按绝对坐标在命令行输入）。

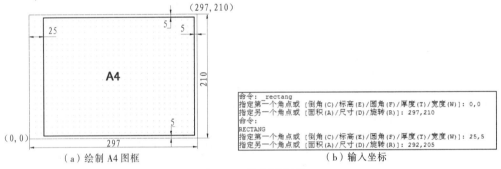

（a）绘制 A4 图框

（b）输入坐标

图 5-30　绘制图框线

② 双击鼠标滚轮，全屏显示图框。单击"分解"按钮，分解矩形图框线（原框线为一条多段线对象，分解后为 4 段直线）。

③ 绘制标题栏：利用偏移复制，偏移右边框竖线 6×25，偏移下边框横线 2×8，效果如图 5-31 所示。对图形进行修剪，完成底部标题栏的绘制，如图 5-32 所示。

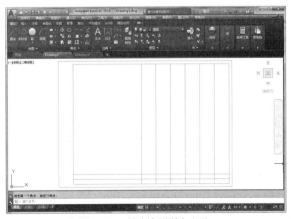

图 5-31　绘制标题栏（1）

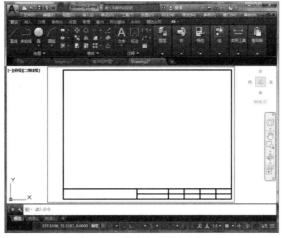

图 5-32　绘制标题栏（2）

（5）设置中文文字样式

设置文字样式的名称及文字样式如表 5-2 所示。

表 5-2　设置中文文字样式

文字样式名称	Standard	ST	FST	KT	YW
字体名称	Arial	宋体	仿宋	楷体	ROMANS
高度	0	0	0	0	0
宽度因子	1	0.7	1	1	1
倾斜角度	0	0	0	0	15
颠倒	不勾选	不勾选	不勾选	不勾选	不勾选
反向	不勾选	不勾选	不勾选	不勾选	不勾选
垂直	不勾选	不勾选	不勾选	不勾选	不勾选

① 定义文字样式：在"注释"功能面板，单击"文字样式"命令，或在命令行输入"Style"命令，弹出"文字样式"对话框，如图 5-33 所示。

② 文字的字体确定字符的形状，在 AutoCAD 2018 中，除了它固有的 SHX 形状字体外，还可以使用 Windows 系统的 TrueType 字体（如宋体、楷体等）。在选择字体时，勾选"使用大字体"就可以使用 SHX 字体，不勾选"使用大字体"即可选择使用 Windows 系统的 TrueType 字体。如果在"文字样式"对话框中将文字高度设置为 0，系统允许在创建文字时定义字高。

实训 5-
例题 1
定义文字样式

图 5-33　定义文字样式（1）

③ 定义 ST。单击"新建"按钮，在弹出的对话框中输入文字样式名称，并单击"确定"按钮。不勾选"使用大字体"复选框，在"字体名"下拉列表中选择"宋体"，修改相关数值，如将"宽度因子"改为 0.7。完成修改后，单击"应用"按钮，完成定义，如图 5-34 所示。

④ FST、KT 等文字样式的设置方法同上。

（6）写入文字

① 局部放大窗口：将待写入文字区域放大并调整到绘图区的适当位置，并切换"文字"图层为当前图层。

② 写入文字：单击工具面板"多行文字"按钮 **A**，捕捉待写入文字区域的左下角和右上角，绘图区上部弹出"文字编辑器"选项卡，选择文字样式"ST"，调整文字大小为"7"，调整文字对正方式为"正中"，录入文字，然后单击"关闭"按钮。效果如图 5-35 所示。

如果文字格式不符合要求，可双击文字进入文字编辑状态，对文字进行修改。

（a）新建文字样式

（b）选择字体名

（c）选择字体样式

图 5-34　定义文字样式（2）

图 5-35　写入文字（1）

③ 按照上述方法写入全部文字，效果如图 5-36 所示。

| XX职业技术学院AutoCAD应用技术实训 | （图 名） | 制图 | （签名） | 比 例 | |
| | （班 级） | 审 核 | （签名） | 图 号 | |

图 5-36　写入文字（2）

（7）绘图相关设置

① 设置捕捉功能：在状态栏上单击"对象捕捉"按钮右侧的三角 ▼，弹出捕捉类型列表，选择相关选项，可快速设置对象捕捉类型。也可以选择"对象捕捉设置"选项，弹出"草图设置"对话框，设置"对象捕捉"模式。设置对象捕捉为端点、中点、圆心、节点、象限点、交点，如图 5-37 所示。

② 设置追踪功能：开启"极轴追踪"、"对象捕捉"及"捕捉追踪"功能。设置极轴追踪"增量角"为 30，并选择"用所有极轴角进行捕捉追踪"单选按钮，如图 5-38 所示。

提示：这些功能设置，在绘图中应根据绘图需要，灵活调整。

图 5-37 设置捕捉模式

图 5-38 设置追踪功能

③ 定义点样式：选择"格式"→"点样式"命令，弹出"点样式"对话框，定义点样式为"╳"。

④ 完成全部定义工作的效果如图 5-39 所示。然后将其另存为"A4-X.dwt"文件保存到指定位置，备用。

图 5-39 A4 横幅图框效果

2. 例题2（见图 5-40）

绘制图形并回答问题

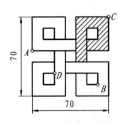

① 点 *B* 至点 *C* 距离为多少？
A 60.828　B 61.838　C 62.652
② 点 *C* 至点 *D* 距离为多少？
A 70.711　B 71.721　C 71.727
③ 填充区域所围成的面积为多少？
A 900.00　B 930.00　C 960.00

图 5-40　例题2效果图

（1）绘图分析

通过分析可以发现，题目所给图形具有以下特点：

① 图形在边长为70的矩形范围内。

② 图形由直线折转形成，各角点之间的距离为10的整倍数。

③ 图形呈对称关系，1/4区域被填充。

（2）绘图

① 在 AutoCAD 界面底部的状态栏上，右击"栅格"按钮，在弹出的菜单中选择"设置"命令，在"草图设置"对话框中选择"捕捉和栅格"选项卡，设置沿 *X* 轴、*Y* 轴的捕捉间距为 10，并选择"启用捕捉"和"启用栅格"复选框。单击"确定"按钮，返回绘图界面。

② 在"绘图"工具面板中，单击"直线"按钮，在绘图区捕捉栅格点，按照给定图例逐一绘制折转直线，完成图形的绘制工作。

③ 在"绘图"工具面板中，单击"填充"按钮，激活"图案填充创建"选项卡，设置填充图案和比例，在要填充的区域内单击，预览填充效果，最后单击"关闭"按钮，完成图案填充。

④ 选择"工具"→"查询"→"距离"命令，捕捉 *B* 点和 *C* 点，在文本窗口中查看返回值，可知 *B* 点至 *C* 点的距离为 60.828，故选择 A。同理，可知 *C* 点至 *D* 点的距离为 70.711，选 A。

⑤ 选择"工具"→"查询"→"面积"命令，首先定义为"加"模式，通过逐一指定角点的方式查询填充区域（含内部非填充区域）的面积，接着再定义为"减"模式，减去内部非填充区域，得到总面积为 900.00，故选择 A。

⑥ 绘图分步示例如图 5-41 所示。

画外轮廓线　　　画内心轮廓线　　　画中心轮廓线　　　填充图案

图 5-41　例题2分步绘图示例

3. 例题 3（见图 5-42）

绘制图形并回答问题

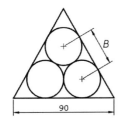

① 小圆半径为多少？
A 16.471　B 16.571　C 16.771
② 三角形减去 3 个小圆的面积为多少？
A 950.131　B 950..213　C 950.474
③ 两个圆心之间的距离 B 为多少？
A 32.942　B 32.123　C 32.457

图 5-42　例题 3 效果图

（1）绘图分析

通过分析可以发现，题目所给图形具有以下特点：

① 图形由一个等边三角形和其内接圆组成。

② 三角形内共有 3 个两两相切大小相等的圆。

③ 等边三角形边长已知。

（2）绘图

① 在"绘图"功能面板中，单击"多边形"按钮，输入参数"E"，绘制边长为 90 的等边三角形。

② 在"绘图"功能面板中，单击"构造线"按钮，添加辅助线。

③ 选择"绘图"→"圆"→"相切、相切、相切"命令，绘制 3 个内切圆。

④ 选择"工具"→"查询"→"距离"命令，捕捉小圆的圆心和象限点，在文本窗口中查看返回值，可知小圆半径为 16.471，故选择 A。

⑤ 选择"工具"→"查询"→"面积"命令，输入参数"A"，进入"加"模式，选择等边三角形，系统在文本窗口中返回三角形的面积和周长；接着，再输入参数"S"，进入"减"模式，选择小圆，每选择一个小圆，系统在文本窗口中就会返回一次数值，报告小圆的面积和小圆的周长，以及当前的总面积。减掉 3 个小圆的面积后，系统报告当前的总面积为 950.474。故选择 C。

⑥ 选择"工具"→"查询"→"距离"命令，捕捉两个小圆的圆心，在文本窗口中查看返回值，可知两个小圆圆心的距离为 32.942，故选择 A。

习　题

1. 结合上机实训情况，查询 AutoCAD 联机帮助，参考下列格式，归纳整理本实训所练习的各个命令，如表 5-3 所示。

表 5-3　练习命令

命令	调用方法	功　用	退出方法
Layer	"图层"功能面板： "格式"菜单："图层" 命令行：Layer	建立或修改图层 定义或修改图层属性或状态	单击"图层特性管理器"标题栏 "关闭"按钮

2. 为迎接校级篮球对抗赛，某学校要将篮球场涂刷翻新，假定每平方米用漆 a 千克，

试计算最少需要购置多少千克油漆。

　　① 只涂刷场地线，需购置多少千克油漆？

　　② 整个场地均涂刷翻新，每种颜色油漆需各购置多少千克？

　　3. 绘制图形并回答问题，如图 5-43 所示。

实训 5-
习题 3

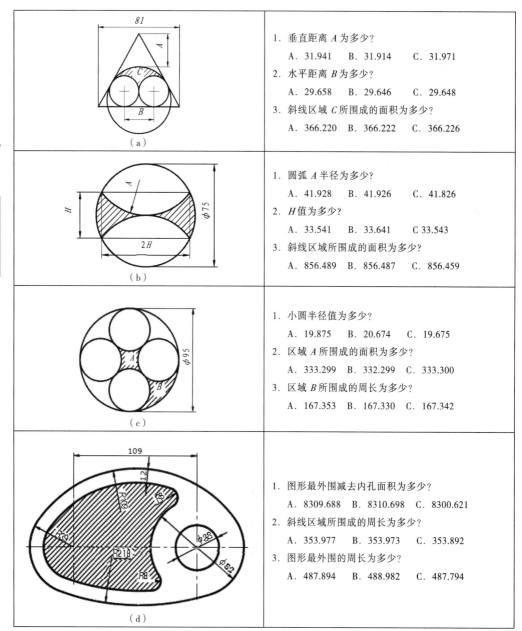

（a）	1. 垂直距离 A 为多少？ 　　A. 31.941　B. 31.914　C. 31.971 2. 水平距离 B 为多少？ 　　A. 29.658　B. 29.646　C. 29.648 3. 斜线区域 C 所围成的面积为多少？ 　　A. 366.220　B. 366.222　C. 366.226
（b）	1. 圆弧 A 半径为多少？ 　　A. 41.928　B. 41.926　C. 41.826 2. H 值为多少？ 　　A. 33.541　B. 33.641　C. 33.543 3. 斜线区域所围成的面积为多少？ 　　A. 856.489　B. 856.487　C. 856.459
（c）	1. 小圆半径值为多少？ 　　A. 19.875　B. 20.674　C. 19.675 2. 区域 A 所围成的面积为多少？ 　　A. 333.299　B. 332.299　C. 333.300 3. 区域 B 所围成的周长为多少？ 　　A. 167.353　B. 167.330　C. 167.342
（d）	1. 图形最外围减去内孔面积为多少？ 　　A. 8309.688　B. 8310.698　C. 8300.621 2. 斜线区域所围成的周长为多少？ 　　A. 353.977　B. 353.973　C. 353.892 3. 图形最外围的周长为多少？ 　　A. 487.894　B. 488.982　C. 487.794

图 5-43　习题 3 图

实训六 常用二维编辑命令（一）

实训内容

通过典型范例，学习复制、镜像、偏移、阵列和修剪等编辑修改命令的使用方法，掌握如何快速创建二维图形对象，并理解各种图形对象的特点。训练读者分析构成复杂图形的基本图形对象的能力。

实训要点

"复制"、"镜像"、"偏移"和"阵列"命令，是以不同的形式实现图形对象的复制操作，帮助用户快速、轻松地将实体目标复制到新的目标位置。"修剪"命令是绘图及编辑过程中的重要命令，用于修剪冗余的图形部分，应熟练掌握其使用技法。

体会绘图分析与 CAD 绘图的关系（几何知识很重要）；体会绘图分析在绘图过程中的重要性。

知识准备

学习了常见二维图形对象的绘制方法和辅助绘图技巧以后，相信读者已经对 AutoCAD 命令的使用和绘图方法、技巧有了一定的认识。有很多读者已经注意到，在前面的内容中，所有图形对象都是绘制出来的，是从无到有的原创过程，而实际工作中，我们经常会利用已有的图形生成新图形，特别是对于具有对称、比例缩放等位置、尺寸关系的图形对象来说，利用已有的图形生成新图形就显得非常简便和快捷了。下面将学习 AutoCAD 中修改、编辑二维图形对象的相关命令，这些命令主要针对图形对象的复制、重新排列、调整大小及使用夹点编辑等，它们大多集中放置在"修改"菜单中。图 6-1 所示的"修改"工具面板中，列出了常用的二维修改、编辑工具。

修改对象是 AutoCAD 提供的一项强大的功能，制图的一大部分工作就集中在图形编辑上。通过本实训的练习，将进一步完善读者使用 AutoCAD 绘制图形的能力。

图 6-1 "修改"工具面板

1. 复制图形对象

如果需要一次又一次地重复绘制相同的实体，可以在绘制完成一个实体对象后，使用"复制"命令，快速、轻松地将图形对象复制到新的目标位置。

（1）选择"复制"命令

① 使用菜单栏：选择"修改"→"复制"命令。

② 使用工具面板：在"修改"工具面板上单击"复制"按钮。

③ 使用命令行：在"命令："提示符后输入"Copy"命令并按【Enter】键。

（2）复制方法

① 复制单个图形：复制单个图形，即一次复制一个图形，这是最简单的复制实体目标的操作，只需告诉 AutoCAD 要将目标从一个位置复制到另外一个位置即可，完成操作后自动退出命令。命令执行过程如图 6-2 所示。

```
命令： copy
选择对象：找到 1 个
选择对象：
当前设置： 复制模式 = 单个
指定基点或 [位移(D)/模式(O)/多个(M)] <位移>：指定第二个点或 <使用第一个点作为位移>：
```

图 6-2 复制单个图形

② 复制多个图形：复制多个图形，即多次重复复制一个图形，这是复制命令的另一种用法。选择"复制"命令后，根据命令提示，选择"多个(M)"复制方式，指定对象移动时的基点，即可将实体目标从一个位置复制到另外多个位置。默认情况下，该命令将自动重复，要退出该命令，可按【Enter】键。命令执行过程如图 6-3 所示。

```
命令： copy
选择对象：找到 1 个
选择对象：
当前设置： 复制模式 = 多个
指定基点或 [位移(D)/模式(O)] <位移>：O
输入复制模式选项 [单个(S)/多个(M)] <多个>：M
指定基点或 [位移(D)/模式(O)] <位移>：指定第二个点或 <使用第一个点作为位移>：
指定第二个点或 [退出(E)/放弃(U)] <退出>：
指定第二个点或 [退出(E)/放弃(U)] <退出>：
```

图 6-3 复制多个图形

（3）复制操作注意事项

① 准确选择图形基点，是正确完成操作的必要保证。

② 指定两点定义一个矢量，指示复制的对象移动的距离和方向。

③ 指定基点后，系统提示"指定第二个点或 <使用第一个点作为位移>："，如果此时按【Enter】键，则第一个点将被认为是相对（X,Y,Z）位移。例如，如果指定基点为（2,3）并在下一个提示下按【Enter】键，对象将被复制到距其当前位置沿 X 方向 2 个单位，Y 方向 3 个单位的位置。

提示：AutoCAD 提供了多种复制操作方式，后面讲到的镜像、偏移、阵列和夹点复制等操作，可以方便快捷地实现对位置有特殊要求的复制操作。

2. 镜像图形对象

在实际绘图过程中，经常会遇到一些对称的图形，例如机械零件中的轴，其左右两端往往有相同的键槽、通孔或轴肩；还比如前面画过的篮球场地图，前后两个半场间呈现相同的结构关系。对于这些图形，AutoCAD 提供了图形镜像功能，镜像对创建对称的对象非常有用，在绘制出对称图形的公共部分后，利用"镜像"命令可将对称的另一部分镜像出来，而不必绘制整个对象。

（1）调用"镜像"命令

① 使用菜单栏：选择"修改"→"镜像"命令。

② 使用工具面板：在"修改"工具面板上单击"镜像"按钮 。

③ 使用命令行：在"命令:"提示符后输入"Mirror"命令并按【Enter】键。

（2）镜像操作

调用"镜像"命令后，根据命令行提示，依次选择要镜像的对象，然后指定镜像对称线的第一点和第二点，回答是否删除源对象（默认为不删除源对象）后，完成镜像操作，如图6-4所示。

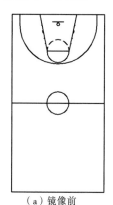

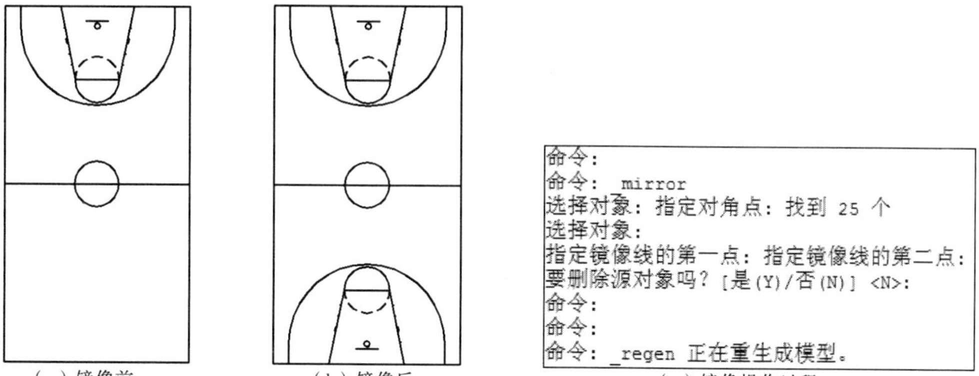

```
命令:
命令: mirror
选择对象: 指定对角点: 找到 25 个
选择对象:
指定镜像线的第一点: 指定镜像线的第二点:
要删除源对象吗? [是(Y)/否(N)] <N>:
命令:
命令:
命令: _regen 正在重生成模型。
```

（a）镜像前　　　　　　　（b）镜像后　　　　　　（c）镜像操作过程

图6-4　镜像图形对象

（3）镜像操作注意事项

① 镜像对称线是一条辅助绘图线，只在绘图过程中亮显，并不作为图形对象存在。镜像命令执行完毕后，将看不到该线。

② 镜像对称线可以是任一角度的直线，不一定是水平线或垂直线。

③ 镜像命令除了镜像图形，还可以镜像文本，但在镜像文本时，应注意 MIRRTEXT 系统变量的设置。当 MIRRTEXT=1 时，文本全部镜像，即它的位置和顺序与其他实体一样都发生了镜像；当 MIRRTEXT=0 时，文本部分镜像，即文本只是位置发生镜像，而文本从左到右的顺序并没有发生镜像，原来文本顺序如何，镜像后文本的顺序不会变化，如图6-5所示。

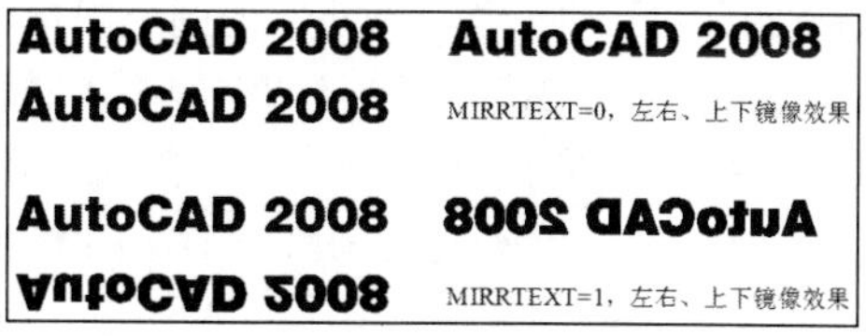

图6-5　文字镜像效果

提示：要设置系统变量 MIRRTEXT 的值，用户可在"命令:"提示符后输入"Mirrtext"命令并按【Enter】键，然后根据需要在其提示下输入 0 或 1 即可。

3. 偏移图形对象

在工程制图中，经常会遇到一些间距相等、形状相似的图形，如人行横道线、田径场环形跑道线等。对于这类图形，可以使用 AutoCAD 提供的"偏移"命令，快速实现平行复制。

（1）调用"偏移"命令

① 使用菜单栏：选择"修改"→"偏移"命令。

② 使用功能面板：在"修改"功能面板上单击"偏移"按钮 。

③ 使用命令行：在"命令："提示符后输入"Offset"命令并按【Enter】键。

（2）偏移操作

① 调用"偏移"命令后，根据命令行提示，指定偏移距离，选择要偏移的对象，然后在指定方向一侧单击，即可完成偏移操作。默认情况下，该命令自动重复，要退出该命令，可在绘图区右击，在弹出的菜单中选择"退出"命令，如图 6-6 所示。

② 使用"偏移"命令可以偏移直线、圆弧、圆、椭圆和椭圆弧（形成椭圆形样条曲线）、二维多段线、构造线（参照线）和射线等图形对象。

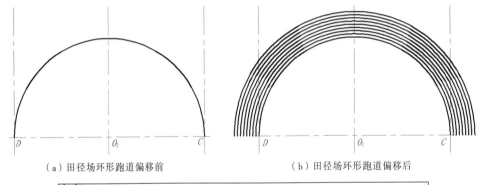

（a）田径场环形跑道偏移前   （b）田径场环形跑道偏移后

```
命令: offset
当前设置: 删除源=否  图层=源  OFFSETGAPTYPE=0
指定偏移距离或 [通过(T)/删除(E)/图层(L)] <1220>: 1220
选择要偏移的对象, 或 [退出(E)/放弃(U)] <退出>:
指定要偏移的那一侧上的点, 或 [退出(E)/多个(M)/放弃(U)] <退出>:
选择要偏移的对象, 或 [退出(E)/放弃(U)] <退出>:
指定要偏移的那一侧上的点, 或 [退出(E)/多个(M)/放弃(U)] <退出>:
选择要偏移的对象, 或 [退出(E)/放弃(U)] <退出>:
```

（c）偏移命令操作过程

图 6-6　偏移图形对象

（3）偏移操作注意事项

① 偏移对象用以创建其造型与原始对象造型平行的新对象。使用"偏移"命令，可实现高效平行复制。偏移圆或圆弧可以创建更大或更小的圆或圆弧，这取决于向哪一侧偏移。

② 二维多段线和样条曲线在偏移距离大于可调整的距离时将自动进行修剪。

③ OFFSETGAPTYPE 系统变量用于控制图形折角处潜在间隔的闭合方式。OFFSETGAPTYPE=0 时，与偏移对象平行；OFFSETGAPTYPE=1 时，做圆角处理；OFFSETGAPTYPE=2 时，做斜角处理。

4. 阵列图形对象

尽管"复制"和"偏移"等命令可以一次复制多个图形，但要复制某些呈规则分布的实体目标可使用 AutoCAD 提供的图形阵列功能，使用"阵列"命令，用户可以快速准确地复制呈规则分布的图形。

（1）调用"阵列"命令

① 使用菜单栏：选择"修改"→"阵列"命令。

② 使用功能面板：在"修改"功能面板上单击"阵列"按钮 。

③ 使用命令行：在"命令："提示符后输入"Array"命令，并按【Enter】键。

（2）阵列操作

阵列操作分为矩形阵列、环形阵列和路径阵列。矩形阵列是创建由选定对象副本按指定行数和列数形成的阵列，即按照网格行列的方式进行实体复制，操作时要定义阵列对象的行数和列数，而且还要定义行间距、列间距。环形阵列是将所选择的目标在圆周方向上进行等距离排列。路径阵列是将所选择对象按指定路径进行阵列。

① 矩形阵列：选择"矩形阵列"命令后，系统提示选择对象，完成对象选择后，绘图区上部弹出"阵列创建"选项卡，如图6-7所示，在行、列面板处定义行、列数及行、列偏移距离等参数，绘图区同时显示阵列效果。完成阵列操作后，单击"关闭"按钮或按【Esc】键，退出阵列命令。图6-8所示为田径场直线跑道矩形阵列示例。

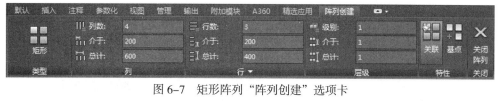

图6-7　矩形阵列"阵列创建"选项卡

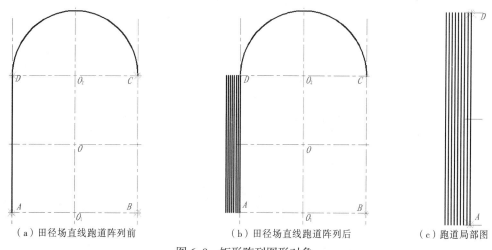

（a）田径场直线跑道阵列前　　　（b）田径场直线跑道阵列后　　　（c）跑道局部图

图6-8　矩形阵列图形对象

② 环形阵列：选择"环形阵列"命令后，系统提示选择对象，完成对象选择后，系统提示指定阵列中心点，之后，绘图区上部弹出"阵列创建"选项卡，如图6-9所示，在"项目"、"行"面板处定义项目数和行数及其他相关参数，绘图区同时显示阵列效果。完成阵列操作后，单击"关闭"按钮或按【Esc】键，退出阵列命令。图6-10所示为几何图形环形阵列示例。

图6-9　环形阵列"阵列创建"选项卡

③ 路径阵列：选择"路径阵列"命令后，系统提示选择对象，完成阵列对象选择后，系统提示选择路径曲线，之后将显示阵列结果，激活夹点可以对阵列的图形进行修改，如调整对象间距或增加行数。完成阵列操作后，单击"关闭"按钮或按【Esc】键，退出阵

列命令。图 6-11 所示为路径阵列示例。

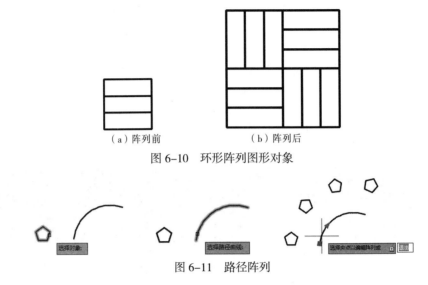

（a）阵列前　　　　　　　（b）阵列后

图 6-10　环形阵列图形对象

图 6-11　路径阵列

（3）阵列操作注意事项

① AutoCAD 2018 "阵列" 操作默认为 "关联" 模式，即阵列后的所有图形关联为一个整体（图块），若要阵列后各个图形保持彼此独立，可关闭 "特性" 工具面板中的 "关联" 模式。

② 矩形阵列的行间距、列间距有正负之分。当行间距为正值时，实体目标行位于源对象上方，反之位于下方；当列间距为正值时，实体目标行位于源对象右方，反之位于左方。

③ 进行路径阵列时，应选择某个对象（如：直线、多段线、样条曲线、圆弧或圆等）作为阵列路径。

④ 环形阵列可以将源对象旋转阵列，也可以不旋转，只进行平移阵列。

⑤ 通常阵列中心点多采用在绘图区拾取的办法进行定义，根据命令行提示拾取特殊点作为阵列中心点。

⑥ 环形阵列源对象的基点如何定义，也是非常重要的。对图形对象进行阵列操作时，这些选定对象将与阵列圆心保持不变的距离。为构造环形阵列，AutoCAD 将确定从阵列圆心到最后一个选定对象上的参照（基准）点的距离。对象基点所使用的点取决于对象类型，如表 6-1 所示。

表 6-1　对象基点设置

对象类型	默认基点
圆弧、圆、椭圆	圆心
多边形、矩形	第一个角点
圆环、直线、多段线、射线样条曲线	起点
块、段落文字、单行文字	插入点
构造线	中点
面域	栅格点

5. 修剪图形对象

AutoCAD 提供的 "修剪" 命令，使用户可以方便快速地使用边界对图形实体进行修剪。执行 "修剪" 命令时，要求用户首先定义一个剪切边界，然后再用此边界剪去实体的一部分。可以修剪的对象包括圆弧、圆、椭圆弧、直线、开放的二维和三维多段线、射线、样条曲线和参照线。而有效的剪切边对象包括二维和三维多段线、圆弧、圆、椭圆、布局视口、直线、射线、面域、样条曲线、文字和构造线。"修剪"命令将剪切边和待修剪的对象投影到当前用户坐标系（UCS）XY平面上。

（1）调用"修剪"命令

① 使用菜单栏：选择"修改"→"修剪"命令。

② 使用功能面板：在"修改"功能面板上单击"修剪"按钮。

③ 使用命令行：在"命令："提示符后输入"Trim"命令并按【Enter】键。

（2）修剪操作

① 执行"修剪"命令后，命令行出现"当前设置：投影＝UCS，边=无　选择剪切边…选择对象或<全部选择>："提示，此时应首先选择修剪边界。

② 选择实体作为剪切边界，可连续选择多个实体作为边界，选择完毕后按【Enter】键，或右击。

③ 在"选择要修剪的对象，或按住【Shift】键选择要延伸的对象，或[投影（P）/边（E）/放弃（U）]："提示下，选择要剪切实体的被剪切部分，将其修剪掉。按【Enter】键即可退出该命令，如图 6-12 所示。

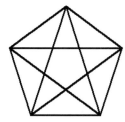

图 6-12　修剪图形对象

（3）修剪操作注意事项

① 使用"修剪"命令修剪实体时，第一次选择的实体是剪切边界而并非被剪实体。如果未指定边界并在"选择对象"提示下按【Enter】键，则所有对象都将成为可能的边界，称为隐含选择。

② 选择的剪切边或边界边无须与修剪对象相交，可以将对象修剪或延伸至投影边或延长线交点，即对象延长后相交的地方。

③ 使用"修剪"命令可以剪切尺寸标注线，并可以自动更新尺寸标注文本，但尺寸标注不能作为剪切边界。

④ 图块和外部引用均不能作为剪切边界和被剪切实体。

⑤ 平行线、区域图样填充、形位公差、单行文本和多行文本均可作为剪切边界，但不能作为被剪切实体。

绘图分析与画法

下面通过几个典型的几何图形，如图 6-13 所示，说明使用 AutoCAD 命令编辑修改图形的过程。

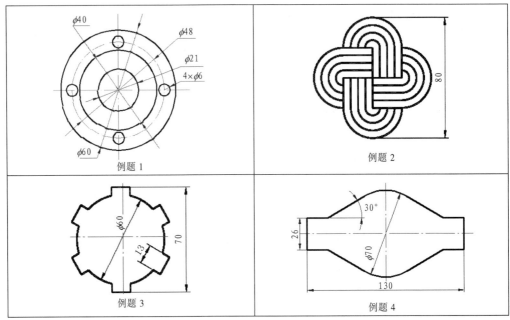

图 6-13　图例

1. 例题 1

（1）绘图分析

通过分析可以发现，题目所给图形具有以下特点：

① 图形由大小圆组成，小圆位于坐标线位置。

② 小圆相对大圆（在直角坐标系内）呈正对称位置关系。

③ 各圆直径均为已知。

（2）绘图

① 在"绘图"工具面板中，单击"构造线"按钮，使用相对坐标，绘制辅助线。

② 选择"绘图"→"圆"→"圆心、直径"命令，以辅助线交点为圆心，绘制 4 个同心圆。

③ 选择"绘图"→"圆"→"圆心、直径"命令，以 $\phi48$ 圆与坐标轴线的交点为圆心，绘制一个小圆。

④ 在"修改"工具面板中，单击"复制"按钮，根据命令行提示，选择对象，定义复制模式，输入参数"M"，进行多个对象复制，依次指定复制对象的目标位置，完成后，在绘图区右击，在弹出的菜单中选择"退出"命令。

⑤ 绘图分步示例如图 6-14 所示。还可以使用环形阵列实现此图形中对小圆的复制，读者可自行练习。

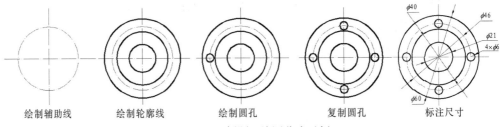

绘制辅助线　　绘制轮廓线　　绘制圆孔　　复制圆孔　　标注尺寸

图 6-14　例题 1 绘图分步示例

2. 例题2

（1）绘图分析

通过分析可以发现，题目所给图形具有以下特点：

① 图形由4个子图形对称组成。

② 每个子图形由4个半圆弧和5条直线段组成。

③ 半圆弧间距与直线段间距相等，均为80/16单位长。

④ 圆弧半径分别为1个间距、2个间距、3个间距和4个间距单位长，直线段长为80/4单位长。

（2）绘图

① 在"绘图"功能面板中，单击"直线"按钮，绘制一条长度为80/4的水平直线。

② 在"修改"功能面板中，单击"阵列"按钮，在"特性"工具面板中单击"关联"按钮,关闭阵列关联对象模式,将绘制的直线段做5行1列的矩形阵列,行偏移距离为80/16。

③ 选择"绘图"→"圆弧"→"起点、圆心、角度"命令，捕捉圆弧起点和圆心，输入圆弧角度值"180"，绘制圆弧。

④ 在"修改"功能面板中，单击"偏移"按钮，输入偏移距离80/16，选择前面绘制的圆弧，将鼠标移至圆弧的一侧，单击，得到偏移复制的圆弧；再选择新复制的圆弧，将鼠标移至圆弧的一侧，单击，再次得到偏移复制的圆弧；重复此操作，直至绘制出所有需要的圆弧。

⑤ 在"修改"功能面板中，单击"阵列"按钮，将绘制的直线段和圆弧做环形阵列，在圆周范围内阵列4个，阵列中心点为圆心所对直线段的另一端。

⑥ 绘图分步示例如图6-15所示。

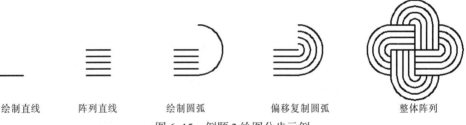

绘制直线　　　阵列直线　　　绘制圆弧　　　偏移复制圆弧　　　整体阵列

图6-15　例题2绘图分步示例

3. 例题3

（1）绘图分析

通过分析可以发现，题目所给图形具有以下特点：

① 图形由1个圆形外接6个对称齿牙组成。

② 圆形直径为60单位长。

③ 中心对称的两个齿牙远端间距为70单位长，每个齿牙宽13单位长。

（2）绘图

① 在"绘图"功能面板中，单击"直线"按钮，绘制辅助线。

② 在"修改"功能面板中，单击"偏移"按钮，依据图形给定尺寸，偏移绘制的辅助线。

③ 在"绘图"功能面板中，单击"直线"按钮，绘制齿牙。

④ 在"修改"功能面板中，单击"阵列"按钮，将绘制的齿牙做环形阵列，在圆周范围内阵列6个，阵列中心点为圆心。

⑤ 在"修改"功能面板中，单击"修剪"按钮，框选图形后，依次单击齿牙对应的圆弧段，进行修剪，完成图形的绘制工作。

实训6-
例题2

实训6-
例题3

⑥ 绘图分步示例如图 6-16 所示。

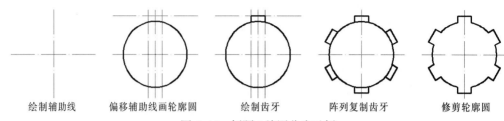

| 绘制辅助线 | 偏移辅助线画轮廓圆 | 绘制齿牙 | 阵列复制齿牙 | 修剪轮廓圆 |

图 6-16　例题 3 绘图分步示例

实训 6-
例题 4

4. 例题 4

（1）绘图分析

通过分析可以发现，题目所给图形具有以下特点：

① 图形具有左右、上下对称关系。

② 图形由直线和圆弧组成，圆弧与直线通过斜角为 30° 的直线连接。

③ 各部分尺寸如图 6-13 所示。

（2）绘图

① 在"绘图"功能面板中，单击"直线"按钮，绘制辅助线。

② 在"修改"功能面板中，单击"偏移"按钮，依据图形给定尺寸，偏移绘制的辅助线。

③ 在"绘图"功能面板中，单击"直线"按钮，绘制图形 1/4 部分的直线。

④ 选择"绘图"→"圆"→"圆心、直径"命令，以辅助线交点为圆心，绘制直径为 70 的圆。

⑤ 在"绘图"功能面板中，单击"直线"按钮，绘制通过圆心的辅助线，并与 X 轴正方向成 120° 角，该辅助线与圆的交点即为直线与圆的切点。过切点绘制与 X 轴正方向成 210° 夹角的斜线。

⑥ 在"修改"功能面板中，单击"删除"按钮，删除多余的辅助线。

⑦ 在"修改"功能面板中，单击"修剪"按钮，对所绘制的图形进行修剪，得到 1/4 图形。

⑧ 在"修改"功能面板中，单击"镜像"按钮，以辅助线为镜像线，对 1/4 图形进行上下、左右镜像。

⑨ 绘图分步示例如图 6-17 所示。

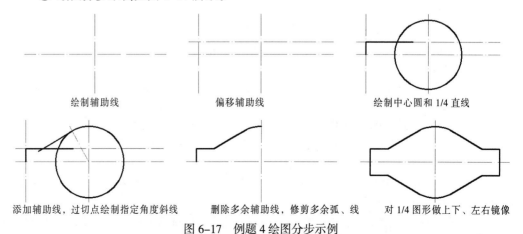

| 绘制辅助线 | 偏移辅助线 | 绘制中心圆和 1/4 直线 |
| 添加辅助线，过切点绘制指定角度斜线 | 删除多余辅助线，修剪多余弧、线 | 对 1/4 图形做上下、左右镜像 |

图 6-17　例题 4 绘图分步示例

5. 例题 5

本例题为制作 400m 跑道田径场地图。《国际田联手册》规定标准半圆式田径场跑道全长为 400m，由两个直道和两个弯道组成。目前国际国内田径比赛通常使用以下规格的田径场：① 内突沿半径为 36m 的田径场；② 内突沿设计半径为 37.898m 的田径场；③ 内突沿设计半径为 36.50m 的田径场。下面以内突沿设计半径为 37.898m 的田径场为例进行说明。

（1）田径运动场地的基本结构

一个标准的田径场一般由外场、中场及内场 3 部分组成，如图 6-18 所示。

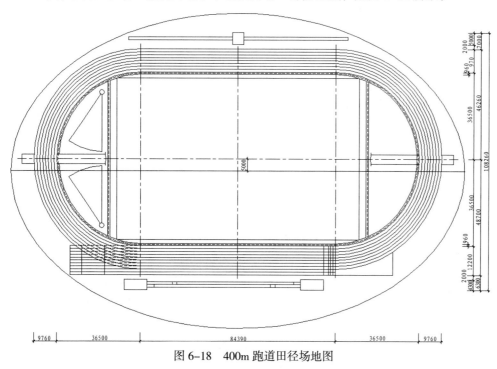

图 6-18　400m 跑道田径场地图

① 外场：即径赛跑道外侧余地所占空间。一个大型田径运动场地在此部分要建看台或其他有关设施，它的大小是根据空地面积与设计要求来决定的。例如一个仅供教学和训练的田径场外场仅占几米，而标准田径场四周要留有几十米的空间。

② 中场：即径赛跑道所占空间。一个标准田径场一般要设 8~10 条分道，每条分道宽 1.22~1.25m。标准半圆式 400m 田径场的跑道是由两个 180°的半圆（弯道）和两个直段组成的。

③ 内场：即供田径比赛或球类比赛使用的部分。一个标准的田径场内场，可修建一个标准的足球场。

④ 半圆式田径场地有关名词说明：

● 纵轴线——又称中线，它把场地等分为东西两部分，在绘图和修建场地时必须以这条线为基线。

● 圆心——圆心在纵轴线上。南北两端的弯道各有一个圆心，它是弯道内、外突沿和各条分道的圆心。

- 内突沿、外突沿——内突沿与外突沿是跑道的内边与外边。田径规则规定内、外突沿的宽度均为 5cm，它们的宽度都不计入跑道的宽度之内。

- 直、曲段分界线：直、曲段分界线把跑道的直段与曲段（弯道）分开，这两条线与场地的纵轴线垂直，相交于圆心。通常把终点线处的直、曲段分界线称为第一直曲段分界线，或称第一分界线；其余的直、曲段分界线，按逆时针方向排列，依次为第二、第三和第四直曲段分界线。这 4 条分界线作为测量跑道的基准线，应在跑道上用明显的标记标出它们的位置。通常把第一直曲段分界线前面的弯道称为第一弯道，第三直曲段分界线前面的弯道称为第二弯道。

- 直段、直道：直段是第一、第二弯道之间的跑道，直道是直段和直段两端延长部分的总称。

- 跑道宽、分道宽：跑道宽是指内突沿与外突沿之间的宽度，又称跑道总宽。分道宽是指各条分道的宽度。

- 分道线：分道线宽 5cm，分别把跑道分为各条分道。分道线计算在内侧跑道的宽度之内，例如第一、二道的分道线包括在第一分道宽度内。

- 计算线：计算线只供计算跑道周长使用，故称计算线。绘制场地的图形时无须绘制计算线。田径竞赛规定，第一条分道的计算线距跑道内突沿的外沿 0.30m，第二至第八道的计算线距内侧分道线外沿 0.20m。由于赛跑时运动员一般在这条未画出的线上跑，所以计算线也称实跑线。

（2）内突沿设计半径为 37.898m 的田径场分道数据

　　一分道计算半径为 38.198m，一分道一个弯道计算线长为 120m，两个弯道计算线长 240m。一个直段为 80m，两个直段长为 160m，一分道一圈计算线长度为 400m。

（3）径赛跑道的宽度

　　径赛跑道宽 9.76～10.00 m（8 条分道）或 7.32～7.50m（6 条分道），每条分道宽 1.22～1.25m（包括右侧分道线），分道线宽 5cm，所有分道宽应相同。除草地跑道外，跑道内侧应用合成材料制成的突沿加以分界，突沿高约 5cm，最小宽度 5cm；如能排水，突沿最高可达 6.5cm，但不得超过此高度；如无突沿，则需绘制 5cm 宽的标志线。

（4）跑道的倾斜度

　　跑道的右左倾斜度最大不得超过 1/100（1：100），向跑进方向总的倾斜度不得超过 1/1000（1：1000），新建跑道的侧向倾斜应向里倾斜（里低外高）。

（5）障碍赛跑道

　　障碍跑水池段在跑道内突沿内侧（半径 36 m、36.50 m）或跑道外突沿外侧（半径 37.898m、36.50m）均可，最好设在跑道外突沿外侧，但占地面积较大。

（6）田径场的纵轴线

　　田径场的纵轴线（即中线）应为南北方向，并避开主导风向，与子午线夹角不应大于 5°～10°，终点向前应有一定的缓冲区域。

（7）内突沿设计半径为 37.898m 的田径场手工画线概述

　　内突沿设计半径为 37.898m 的田径场地至少需要 176m×96m 的空地。

① 确定基准线。

a. 确定纵轴线，在空地的较长（最好是南北方向）方向居中拉一长绳，用钉子固定，即为纵轴线。

b. 确定纵轴线的中心为 O 点。

c. 从 O 点分别沿纵轴线各量 40m，为 O_1、O_2；在 O、O_1、O_2 点钉上木桩作为标记。

d. 通过 O_1 拉一条长绳和纵轴线垂直，两边各量 37.898m，得 A、B 两点；用同样的方法通过 O_2 找到 C、D 两点，如图 6-19（a）所示。

e. A、B、C、D 是跑道的基准点，钉下木桩作为标记。

f. 检验方法，量对角线，$AC=BD=110.21$m，如图 6-19（b）所示。

g. 分别以 O_1、O_2 为圆心，以 37.898m 为半径，向外绘制两个半圆。

h. 连接基点 AD、BC，就形成场地的里沿。田径场里沿一般要做成高 5cm、宽 5cm，可以用木条、砖块或水泥砌成，如图 6-20（a）所示。

i. 拖钉耙，用一种特制的"钉耙"来绘制跑道线痕。横梁上钉子间隔 1.22m，钉子的数量视跑道的数量而定，如 6 条跑道用 7 颗。

② 绘制线痕。

a. 绘制线痕时注意将钉耙内端和跑道的里沿靠紧，横梁和跑道里沿垂直。拉着钉耙绕跑道一圈，在地面上形成跑道线痕，如图 6-20（b）所示。

b. 绘制终点线痕，延长 O_1A，和最外面的跑道线痕交叉成 A'，连接 AA'，即终点线。

c. 绘制 100m 起点线，延长 O_2D，和最外面的跑道线痕交叉成 D'，向后延长 AD、$A'D'$ 20m，得 E、E' 两点，连接 EE'，为 100m 起点线。

d. 拖钉耙连接 DE，将 100m 直道线痕补齐，如图 6-20（c）所示。

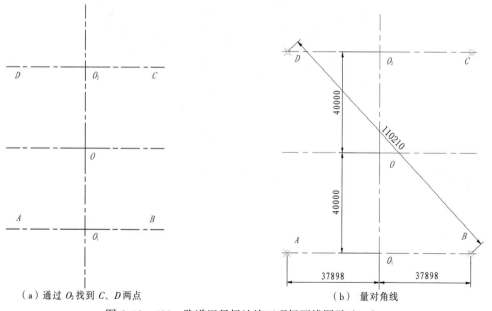

（a）通过 O_2 找到 C、D 两点　　　　　（b）量对角线

图 6-19　400m 跑道田径场地施工现场画线图示（一）

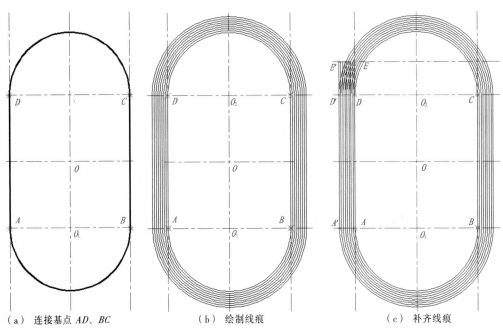

（a）连接基点 *AD*、*BC*   （b）绘制线痕   （c）补齐线痕

图 6-20　400m 跑道田径场地施工现场画线图示（二）

图 6-21 所示为 400m 跑道田径场地效果图。

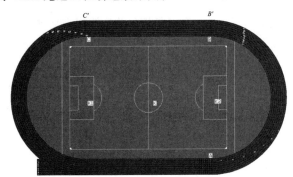

图 6-21　400m 跑道田径场地效果图

习　题

1. 结合上机实训情况，查询 AutoCAD 联机帮助，参考下列格式，归纳整理本实训所练习的各个命令，如表 6-2 所示。

表 6-2　练习命令

命令	调用方法	功　用	退出方法
Offset	"修改"功能面板： "修改"菜单："偏移" 命令行：Offset	偏移图形对象	按【Enter】键 按【Esc】键 在绘图区右击，在弹出的菜单中选择"确定"或"取消"退出命令

2. 分析并绘制下列图形，回答相关问题，如图 6-22 所示。

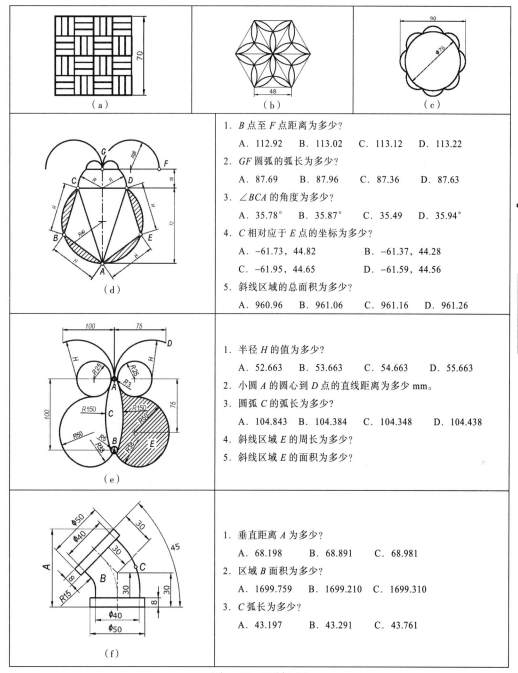

1. B 点至 F 点距离为多少？

    A. 112.92　　B. 113.02　　C. 113.12　　D. 113.22

2. GF 圆弧的弧长为多少？

    A. 87.69　　B. 87.96　　C. 87.36　　D. 87.63

3. ∠BCA 的角度为多少？

    A. 35.78°　　B. 35.87°　　C. 35.49　　D. 35.94°

4. C 相对应于 E 点的坐标为多少？

    A. −61.73，44.82　　　　　　B. −61.37，44.28

    C. −61.95，44.65　　　　　　D. −61.59，44.56

5. 斜线区域的总面积为多少？

    A. 960.96　　B. 961.06　　C. 961.16　　D. 961.26

1. 半径 H 的值为多少？

    A. 52.663　　B. 53.663　　C. 54.663　　D. 55.663

2. 小圆 A 的圆心到 D 点的直线距离为多少 mm。

3. 圆弧 C 的弧长为多少？

    A. 104.843　　B. 104.384　　C. 104.348　　D. 104.438

4. 斜线区域 E 的周长为多少？

5. 斜线区域 E 的面积为多少？

1. 垂直距离 A 为多少？

    A. 68.198　　　B. 68.891　　　C. 68.981

2. 区域 B 面积为多少？

    A. 1699.759　　B. 1699.210　　C. 1699.310

3. C 弧长为多少？

    A. 43.197　　B. 43.291　　C. 43.761

图 6-22　习题 2 图

3. 实地观察田径场地结构、布局，参考例题 5 内容（或查阅相关资料），绘制 400m 跑道田径场地图。

实训 6–
习题 2–
蝴蝶

实训 6–
习题 2–
昆虫

实训七 常用二维编辑命令（二）

实训内容

通过典型范例，学习移动、旋转、缩放、倒角和圆角等编辑修改命令的使用方法，掌握编辑修改二维图形对象的方法。

学习使用夹点对图形对象进行复制、移动、旋转、缩放和拉伸等编辑操作。

实训要点

编辑、修改图形的一项重要操作，就是对图形进行重新排列及调整图形大小，本实训将练习移动、旋转、缩放、倒角和圆角等编辑修改命令的使用技法。

对于一些图形，使用夹点编辑功能，可以更有效地实现移动、复制和旋转等编辑操作，用户应掌握多种不同的编辑修改方法，从而在实际绘图过程中灵活运用。

知识准备

在前面实训中，已经讲解了根据不同绘图特点和绘图需求，快速、轻松地将对象目标复制到新的目标位置以创建新图形的方法。本实训将讲解对图形进行重新排列和调整大小，以及使用夹点编辑功能对图形进行高级编辑修改的方法和技巧。

AutoCAD 中可实现重新排列对象的命令有"移动"、"旋转"和"对齐"等，可实现调整对象大小的命令有"拉伸"、"缩放"、"延伸"、"拉长"和"修剪"等。

1. 移动对象

用户在绘制图形的过程中，如果绘制的图形位置不满足要求，可以使用"移动"（Move）命令将图形对象移至适当的位置。移动实体对象仅是位置平移，并不改变它的方向和大小。若要非常精确地移动对象，应使用捕捉、坐标、夹点和对象捕捉模式等功能。

（1）调用"移动"命令

① 使用菜单栏：选择"修改"→"移动"命令。

② 使用功能面板：在"修改"功能面板上单击"移动"按钮✛。

③ 使用命令行：在"命令："提示符后输入"Move"命令并按【Enter】键。

（2）移动操作

选择"移动"命令后，根据命令行提示，选择对象，并指定移动基点，然后指定移动的目标位置，完成移动操作。移动操作过程如图 7-1 所示。

```
命令：move
选择对象：找到 1 个
选择对象：
指定基点或 [位移(D)] <位移>：指定第二个点或 <使用第一个点作为位移>：
```

图 7-1 移动对象

（3）移动操作注意事项

① 选择对象时，可使用多种选择方法，多次选择多个对象。

② 基点位置选择，直接关系到命令的执行效果，应选择实体对象的端点、交点、圆心和中心点等点位作为基点。

③ 指定基点后，系统提示"指定第二个点或 <使用第一个点作为位移>:"，如果此时按【Enter】键，则第一个点将被认为是相对（X,Y,Z）位移。例如，如果所选定基点对应的坐标为（2,3）并在下一个提示下直接按【Enter】键，对象将被移动到距其当前位置沿X方向移动 2 个单位，Y方向移动 3 个单位的位置。

2. 旋转对象

AutoCAD 提供了"旋转"（Rotate）命令，以便用户对特定的实体进行旋转。用户可以通过选择一个基点和一个相对的或绝对的旋转角来旋转对象。

（1）调用"旋转"命令

① 使用菜单栏：选择"修改"→"旋转"命令。

② 使用功能面板：在"修改"功能面板上单击"旋转"按钮 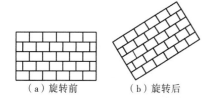。

③ 使用命令行：在"命令:"提示符后输入"Rotate"命令并按【Enter】键。

（2）旋转操作

选择"旋转"命令后，根据命令行提示，选择对象，并指定旋转基点，然后指定旋转角度，完成旋转操作。旋转操作过程如图 7-2 所示。

（a）旋转前　（b）旋转后

```
命令: _rotate
UCS 当前的正角方向: ANGDIR=逆时针  ANGBASE=0
选择对象: 指定对角点: 找到 35 个
选择对象:
指定基点:
指定旋转角度, 或 [复制(C)/参照(R)] <270>: 32
```

（c）旋转操作步骤

图 7-2　旋转对象

（3）旋转操作注意事项

① 如果选择相对参考角度方式，即在系统提示"指定旋转角度，或 [复制(C)/参照(R)]:"时，输入"R"并按【Enter】键，AutoCAD 会提示用户确定相对于某个参考方向的参考角度和新角度。AutoCAD 根据这两个角度之差确定实体目标实际应旋转的角度，因此把这种方式称为相对参考角度方式，以区别于直接输入旋转角度值的方式。

② 旋转角度有正、负之分。如果输入的转角度值为正值，那么被旋转对象将沿逆时针方向旋转；如果输入的角度值为负值，则被旋转对象将沿顺时针方向旋转。

③ 在执行旋转操作的过程中，也可以对被旋转对象执行复制操作，即在系统提示"指定旋转角度，或 [复制(C)/参照(R)]:"时，输入"C"并按【Enter】键，将对选定对象复制一个旋转指定角度的新副本。

3. 比例缩放对象

在工程制图中，经常需要按比例缩放图形中的实体。比如在讨论方案时，通常需要工艺流程图，在重点确定某一部分工艺时，常常要将该部分按比例放大。另外，对于某些复杂的图形，当结构表达不清楚时，可以用局部放大来表示。为此，AutoCAD 提供了"缩放"（Scale）命令，即在 X、Y 和 Z轴方向上同比放大或缩小图形对象。

（1）调用"缩放"命令

① 使用菜单栏：选择"修改"→"缩放"命令。

② 使用功能面板：在"修改"功能面板上单击"缩放"按钮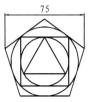。

③ 使用命令行：在"命令："提示符后输入"Scale"命令并按【Enter】键。

（2）缩放操作

选择"缩放"命令后，根据命令行提示，选择对象，并指定缩放基点，然后指定缩放比例和大小，完成缩放操作。缩放操作过程如图 7-3 所示。

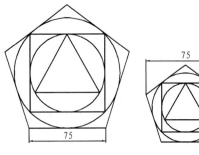

```
命令：scale
选择对象：指定对角点：找到 5 个
选择对象：
指定基点：
指定比例因子或 [复制(C)/参照(R)] <1.0000>： R
指定参照长度 <1.0000>： 指定第二点：
指定新的长度或 [点(P)] <1.0000>： 75
```

图 7-3　缩放对象

（3）缩放操作注意事项

① 原则上，基点可以设置在任意位置。但是建议选择实体的几何中心或实体上的特殊点（或实体目标附近）作为基点。这样在缩放比例后，实体目标仍在附近位置，方便观察。

② 缩放比例系数应为正数。

③ 当用户不知道实体目标究竟要放大（或缩小）多少倍时，可以使用相对比例方式缩放实体。该方式要求用户分别确定比例缩放前后的参考长度和新长度。新长度和参考长度的比值就是比例缩放系数，由系统自动算出，如图 7-3 所示。

④ 在执行缩放操作过程中，也可以对被缩放对象执行复制操作，即在系统提示"指定比例因子或 [复制(C)/参照(R)]："时，输入"C"并按【Enter】键，将对选定对象复制一个缩放指定比例的新副本。

4. 倒角和圆角

在制图过程中，可能经常要绘制倒角和圆角。倒角用于连接两个不平行的对象，通过延伸或修剪使这些对象相交或用斜线连接，可以为直线、多段线、射线和构造线进行倒角。倒角时，可以指定距离以确定每条直线应该被修剪或延伸的总量。圆角用于成对的直线、多段线的直线段、圆、圆弧、射线或构造线，也可以用于互相平行的直线、构造线和射线。AutoCAD 提供了"倒角"命令和"圆角"命令，分别完成这两类操作。

（1）调用"倒角"和"圆角"命令

① 使用菜单栏：选择"修改"→"倒角"命令，或选择"修改"→"圆角"命令。

② 使用功能面板：在"修改"功能面板上单击"倒角"按钮▧，或"圆角"按钮▧。

（2）倒角操作

选择"倒角"命令后，根据命令行提示，指定倒角距离和修剪模式，然后分别指定倒角的第一条直线和倒角的第二条直线，完成倒角操作。倒角操作如图 7-4 所示。

图 7-4　修剪模式倒角（左图）和不修剪模式倒角（右图）

（3）圆角操作

选择"圆角"命令后，根据命令行提示，指定圆角半径和修剪模式，然后分别指定圆角的第一条直线和圆角的第二条直线，完成圆角操作。圆角操作如图7-5所示。

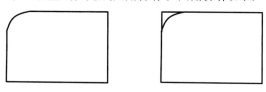

图7-5　修剪模式圆角（左图）和不修剪模式圆角（右图）

（4）倒角和圆角操作注意事项

① "倒角"命令只对直线、多段线和多边形进行倒角，不能对弧、椭圆弧倒角。

② 倒角距离是每个对象与倒角线相接或与其他对象相交而进行修剪或延伸的长度。如果两个倒角距离都为零，则倒角操作将修剪或延伸这两个对象直至它们相交，但不创建倒角线。

③ 倒角距离默认上一次指定的距离。因为对称距离较为常用，所以，第二距离默认设置为第一距离所定义的倒角距离。

④ 圆角操作使用一个指定半径的圆弧与两个选定图形对象相切。图形对象可以是直线、多段线的直线段、圆、圆弧、射线或构造线。

5. 夹点编辑

绘图和编辑是 AutoCAD 制图的重要操作。在编辑过程中，若要复制、移动、旋转、缩放各种实体，除了使用前面讲解的相关编辑修改方法之外，AutoCAD 还提供了夹点编辑功能，方便用户快捷地进行编辑。

（1）夹点的基本概念

前面介绍的编辑方法都是先选择命令再选择对象目标。如果在未启动任何命令的情况下，先选择要编辑的对象目标，那么被选取的图形对象上将出现若干个带颜色的小方框，这些小方框是图形对象的特征点，称为"夹点"（Grips）。

夹点有两种状态：选中夹点和未选中夹点。选中夹点是指被激活的夹点，以红色高亮显示，在这种情况下，可以执行后面要介绍的夹点编辑功能。未选中的夹点是指未被激活的夹点，默认颜色为蓝色。选择图形对象后，将在对象的端点、中点和圆心点等位置出现若干夹点，图形对象不同，特征点的数量和位置也各不相同。在任一夹点上单击，则可激活该夹点。

选择"工具"→"选项"命令，弹出"选项"对话框，选择"选择集"选项卡，在该选项卡中可以设置夹点功能，如图7-6所示。可以设置是否启用夹点、夹点大小和不同状态下夹点的颜色等。

图7-6　设置夹点

（2）激活夹点编辑模式

夹点编辑模式是一种集成的编辑模式，该模式包含5种编辑方法，如图7-7所示。选择某一夹点后，命令行提示"** 拉伸 ** 指定拉伸点或 [基点(B)/复制(C)/放弃(U)/退出(X)]："，指示用户当前要执行拉伸操作，并提示用户输入相应的选项。在此提示下，用户可以采取以下任意一种方式选择夹点编辑命令：

① 直接按【Enter】键循环切换。

② 直接按空格键循环切换。

③ 在绘图区右击，弹出夹点编辑快捷菜单，如图7-7所示，从中选择相应的夹点编辑命令即可。

图7-7 夹点编辑快捷菜单

（3）拉伸对象

在拉伸模式下，AutoCAD 在命令行提示"** 拉伸 ** 指定拉伸点或 [基点(B)/复制(C)/放弃(U)/退出(X)]："，各项含义如下。

- 拉伸：确定基点拉伸后的新位置。用户可以直接用鼠标拖动或通过输入新点的坐标来确定其拉伸位置。
- 基点：确定新基点。该选项允许用户确定新的基点，而不是以原来指定的热夹点作为基点。
- 复制：允许进行多次复制操作。如果带热夹点的实体不能被拉伸，AutoCAD 将进行原样平移复制，即实体大小不变，但位置已改变。如果该实体可被拉伸，AutoCAD 将进行拉伸复制。
- 放弃：取消上次操作。
- 退出：退出编辑模式。

提示：并非所有对象的夹点都能拉伸。当用户选择不支持拉伸操作的夹点（例如直线的中点、圆心、文本插入点和图块插入点等）时，往往不能拉伸对象，而是移动对象。

（4）移动和复制对象

使用夹点编辑模式移动和复制对象，其操作方法及命令行各选项的含义与拉伸对象操作基本相同。需要说明的是，对于结构简单、线条单一的图形对象，使用夹点模式移动比使用"移动"命令更简便。但对于层次复杂的图形对象，特别是大型的总体尺寸图或方案图，使用"移动"命令要比使用夹点编辑模式进行移动方便。

（5）旋转对象

旋转对象是绕旋转中心进行的，当使用夹点编辑模式时，热夹点就是旋转中心，用户

实训七　常用二维编辑命令（二）　107

也可以指定其他点作为旋转中心。这种编辑方法与"旋转"命令相似，它的优点在于可以一次将对象旋转且复制到多个方位。

旋转操作中的"参照（F）"选项可以使用户旋转图形对象，使其与某个新位置对齐。

（6）缩放对象

夹点编辑方式也提供了缩放对象的功能，当切换到缩放模式时，当前激活的热夹点是缩放的基点，用户可以输入比例系数对对象进行放大或缩小，也可以利用"参照（F）"选项将对象缩放到某一尺寸。

（7）镜像对象

进入镜像模式后，系统直接提示"指定第二点"，默认情况下，热夹点是镜像线的第一点，在拾取第二点后，此点便与第一点一起形成镜像线。如果用户要重新设置镜像线的第一点，则应该先选取"基点（B）"选项。

绘图分析与画法

下面继续通过典型的几何图形，如图 7-8 所示，练习使用 AutoCAD 命令编辑修改图形的过程。

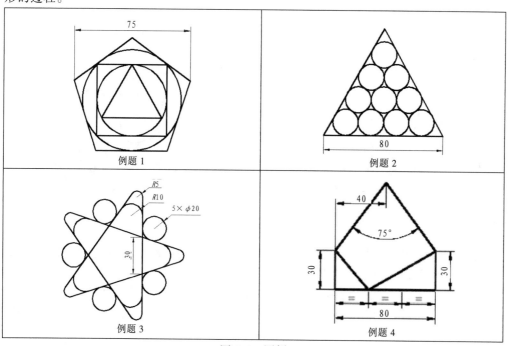

图 7-8　图例

1. 例题 1

（1）绘图分析

在实训四的例题 4 中已对该图形做过分析并完成绘制练习。与此不同的是，在实训四的例题 4 中已知正五边形的边长，而这里是已知正五边形两个顶点间的距离。直接使用已知条件不能完成图形的绘制工作，但是可以按照实训四中例题 4 的方法绘制图形后，对图形进行缩放，得到指定图形。这也是一种常用的绘图方法。

（2）绘图

① 参考实训四中例题 4 的方法绘制图形。

② 在"修改"功能面板中，单击"缩放"按钮，根据命令行提示，捕捉左下角点作为基点，然后输入选项"R"，以参照方式进行缩放。

③ 指定正五边形两个顶点间的距离作为参照距离，在命令行提示"指定新的长度或 [点(P)] <1.0000>:"时，输入新长度"75"，得到指定图形。

④ 绘图步骤参考图 7-3。

2. 例题 2

（1）绘图分析

通过分析可以发现，题目所给图形具有以下特点：

① 图形由一个等边三角形和其内接圆组成。

② 三角形内共有 10 个两两相切大小相等的圆。

③ 等边三角形边长已知。

（2）绘图

① 在"绘图"功能面板中，单击"圆"按钮，绘制半径为 5 的圆。

② 在"修改"功能面板中，单击"矩形阵列"按钮，对小圆做矩形列方向阵列，列偏移距离为 10，阵列时在"特性"功能面板中取消"关联"。

③ 对小圆做路径阵列。过圆心绘制一条长 20，方向与 X 轴夹角为-330° 的辅助线，在"修改"功能面板中，单击"路径阵列"按钮，根据命令行提示，分别选择四个小圆和直线，完成阵列操作。激活夹点，定义行数为四行，行偏移距离为 10，如图 7-9 所示。

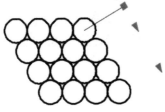
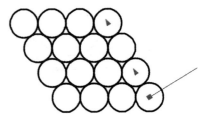

（a）极坐标 20<30 绘制阵列路径　　　　　（b）极坐标 20<-330 绘制阵列路径

图 7-9　不同路径对阵列方向的影响

④ 删除辅助线和左上角的多余小圆，在"绘图"功能面板中，单击"多段线"按钮，捕捉顶点小圆圆心，绘制三角形。

⑤ 在"修改"功能面板中，单击"偏移"按钮，对三角形进行偏移，偏移距离为 5。

⑥ 在"修改"功能面板中，单击"缩放"按钮，对三角形及内接圆进行参照缩放，使其边长为 80。

⑦ 删除辅助线，完成绘图操作。绘图分步示例如图 7-10 所示。

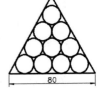

绘制已知　　　　做两次阵列　　　　删掉多余圆和辅助线　　对三角形进行偏移　　使用参照缩放图形
半径 参考圆　　　　　　　　　　　　绘制辅助三角形　　　　距离为小圆半径

图 7-10　例题 2 绘图分步示例

3. 例题3

（1）绘图分析

通过分析可以发现，题目所给图形具有以下特点：

① 图形中心为一正五边形，边长为30，有一条边呈竖直方向。

② 沿正五边形的五条边，有两个相互嵌套的圆角五角星，五角星圆角半径均为已知。

③ 在五角星内角处，有5个直径为20的外切圆。

（2）绘图

① 在"绘图"功能面板中，单击"多边形"按钮，绘制边长为30的正五边形。

② 在"修改"功能面板中，单击"分解"按钮，分解正五边形。

③ 在"修改"功能面板中，单击"圆角"按钮，选择五角星相邻两边进行圆角操作。若先进行半径为10的圆角操作，再进行半径为5的圆角操作，"修剪"选项均使用默认值——"修剪"；若先进行半径为5的圆角操作，则在进行半径为10的圆角操作时，应将"修剪"选项重新定义为"不修剪"。否则，将影响前面刚刚完成的半径为5的圆角操作。

④ 选择"绘图"→"圆"→"相切、相切、半径"命令，绘制五角星外角内切圆。

⑤ 绘图分步示例如图7-11所示。

   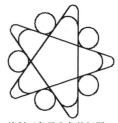

绘制中心五边形　　将五边形分解　　继续做圆角处理　　绘制五角星内角外切圆
　　　　　　　　对相邻两边进行圆角操作

图7-11　例题3绘图分步示例

4. 例题4

参考画法如下，绘图分步示例如图7-12至图7-14所示。

命令：Line🖊

指定第一点：　　　　　　　　　　　　← 选择任意一点作为起点

指定下一点或 [放弃(U)]：30　　　　← 按【F8】键，向270°方向绘制一条长30的垂直线

指定下一点或 [放弃(U)]：80　　　　← 往0°方向绘制一条长80的水平线

指定下一点或 [闭合(C)/放弃(U)]：30　← 往90°方向绘制一条长30的垂直线

指定下一点或 [闭合(C)/放弃(U)]：　　← 按【Enter】键退出命令

命令：Offset🖳

指定偏移距离 [通过(T)] <30.0000>：80/3← 输入距离80/3

选择要偏移的对象或 <退出>：　　　　← 选择线段 A

指定点以确定偏移所在一侧：　　　　　← 往 B 方向选择任意一点做偏移复制

选择要偏移的对象或 <退出>：　　　　← 按【Enter】键退出命令

命令：Line🖊

指定第一点：　　　　　　　　　　　　← 选择端点 C

指定下一点或 [放弃(U)]：　　　　　　← 选择交点 D

指定下一点或 [放弃(U)]；　　　　　　← 选择端点 E

指定下一点或 [闭合(C)/放弃(U)]；　　← 按【Enter】键退出命令

命令：Line ✐

指定第一点：   ← 选择中点 F

指定下一点或 [放弃(U)]：   ← 按【F8】键，往 90°方向绘制一条任意长度的垂直线

指定下一点或 [放弃(U)]：   ← 按【Enter】键退出命令

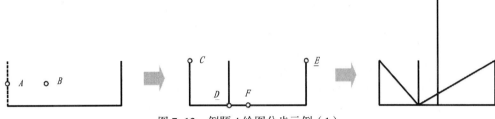

图 7-12　例题 4 绘图分步示例（1）

命令：   ←选择线段 G，启动夹点编辑

** 拉伸 **

指定拉伸点或 [基点(B)/复制(C)/放弃(U)/退出(X)]：Rotate

                                        ←在绘图区右击，切换至"旋转"命令

** 旋转 **

指定旋转角度或 [基点(B)/复制(C)/放弃(U)/参照(R)/退出(X)]：C ← 输入复制选项 C

** 旋转（多重）**

指定旋转角度或 [基点(B)/复制(C)放弃(U)/参照(R)退出(X)]：37.5← 输入角度 37.5

** 旋转（多重）**

指定旋转角度或 [基点(B)/复制(C)/放弃(U)/参照(R)/退出(X)]：-37.5

                                          ← 输入角度-37.5

** 旋转（多重）**

指定旋转角度或 [基点(B)/复制(C)/放弃(U)/参照(R)/退出(X)]：

                                    ←按 3 次【Esc】键退出命令

命令：Trim ✂

当前设置：投影=UCS，边=延伸

选择剪切边 ...

选择对象：   ← 选择线段 I 与 J

选择对象：   ← 按【Enter】键退出选择

选择要修剪的对象，或按住【Shift】键选择要延伸的对象，或 [投影(P)/边(E)/放弃(U)]：

                                        ← 选择边 K

选择要修剪的对象，或按住【Shift】键选择要剪切的对象，或 [投影(P)/边(E)/放弃(U)]：

                                        ← 选择边 L

选择要修剪的对象，或按住【Shift】键选择要延伸的对象，或 [投影(P)/边(E)/放弃(U)]：

                                        ← 按【Enter】键退出

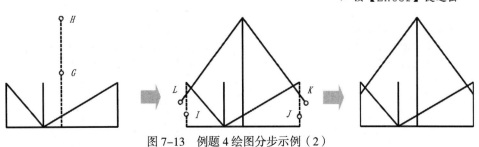

图 7-13　例题 4 绘图分步示例（2）

命令：Move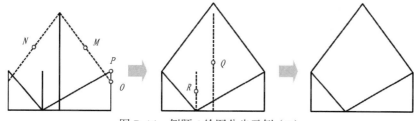

选择对象：	← 选择线段 M 与 N
选择对象：	← 按【Enter】键完成选择
指定基点或位移：	← 选择端点 O
指定位移的第二个点或 <用第一点作位移>：	← 选择端点 P
命令：Erase	
选择对象：	← 选择线段 Q 与 R
选择对象：	← 按【Enter】键完成操作

图 7-14　例题 4 绘图分步示例（3）

5. 例题 5

图 7-15 所示（左图）为一个室内顶面布置图，试根据室内设计规范参考平面布置图（右图）绘制其顶面布置图。

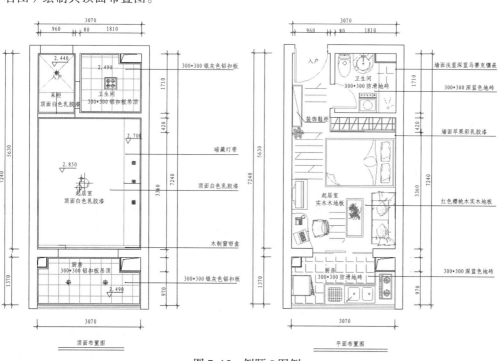

图 7-15　例题 5 图例

（1）顶面布置图设计要求

顶面布置图可采用镜像投影法得到，即将地面作为镜面，天花板作为投影面。顶面布置图包括天花板平面的装饰形式、尺寸、材料、灯具和其他各种顶部的室内设施，对于室内空间不同的区域在进行吊顶设计时，有不同的原则和要求：

① 客厅一般可在天花板的周边做吊顶，但层高较矮时不宜做吊顶。

② 餐厅的天花板吊顶应注意造型小巧精致，一般以餐桌为中心做成与之相对应的吊顶，造型可以依据桌面的造型并大于桌面做成圆形或方形，也可自成体系做成其他形状的吊顶。

③ 厨房和卫生间的吊顶应考虑防水和易清洗，而且有大量的管道，要考虑检修方便，一般使用 PVC 扣板或铝合金扣板等。另外，为了便于卫生间通风，应当在顶部安装排气扇，使卫生间内形成负压，气流由居室流入卫生间。

（2）绘图分析

① 根据本案例的户型特点将顶面布置图分成入户、起居、厨房和卫生间 4 个部分进行绘制，其功能不同天花板造型也不尽相同。

② 合理使用图层和线型可以使绘图工作更加规范，更有效率。

（3）绘图

① 打开"实例文件/实训七/顶面布置图基本墙体.dwg"文件，选择"图层"命令，弹出"图层特性管理器"对话框，单击"新建"按钮，新建"天花板""吊顶""灯具""文字" 4 个图层并设置不同颜色。

② 将"天花板"图层设为当前层，开启"端点"对象捕捉模式，选择"多线"命令，在厨房空间内沿墙体线绘制天花板。根据命令行提示将"多线"设置为：对正=下、比例=30、样式=Standard，绘制效果如图 7-16 所示。

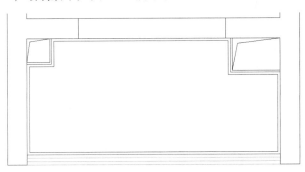

图 7-16　绘制厨房天花板

提示：选择"多线"命令后，在指定起点时，可以设置多线的对正方式。与原有图形进行捕捉绘制多线时，对正方式为"上"，则多线的上边与原有图形重合；对正方式为"下"，则多线的下边与原有图形重合；对正方式为"无"，则多线的中心与原有图形重合。多线的比例用来设置多线的间隔距离。

③ 使用相同的方法，绘制其他位置的天花板和墙体分界线效果，如图 7-17 所示。

④ 将"吊顶"图层设为当前层，在"绘图"功能面板中，单击"填充"按钮，弹出"图案填充和渐变色"对话框，设置填充图案和比例，单击"添加：拾取点"按钮，返回绘图界面，选择厨房和卫生间部分，然后在绘图区右击，在弹出的菜单中选择"预览"命令，若对填充效果满意，则再次右击确认填充，完成厨房卫生间的吊顶制作，如图 7-18 所示。

⑤ 在"修改"功能面板中，单击"偏移"按钮，选择起居室右方内侧墙线，向左偏移 500 mm，下方内侧墙线向上偏移 100 mm；同理，选择入户下方内侧墙线向上偏移 600 mm，选择"延伸"命令完成新图形的调整并归入"吊顶"图层，完成吊顶造型的制作，如图 7-19 所示。

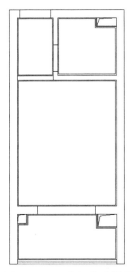

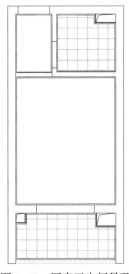

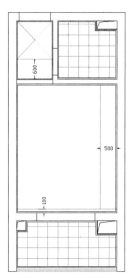

图7-17　天花板完成效果　　　　图7-18　厨房卫生间吊顶　　　　图7-19　完成吊顶

提示：本例题中会涉及一些前面未讲到的知识，可以参考后面的实训内容，帮助理解，逐步完成。

⑥ 分别选择"灯具"和"文字"图层，进行灯具图块的调入和文字的表述，结合"移动"、"旋转"和"缩放"等修改命令进行位置和大小的编辑调整，最终效果如图7-20所示。

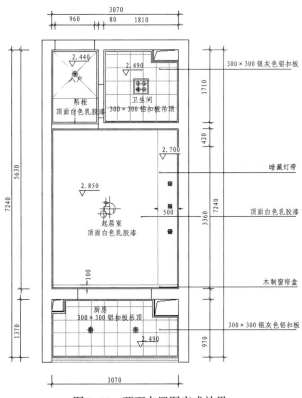

图7-20　顶面布置图完成效果

习　题

1. 使用夹点编辑可以完成哪些操作？

2. 结合上机实训情况，查询 AutoCAD 联机帮助，参考下列格式，归纳整理本实训所练习的各个命令，如表 7-1 所示。

表 7-1　练习格式

命令	调用方法	功　用	退出方法
Move	"修改"功能面板：移动 "修改"菜单："移动" 命令行：Move	移动图形对象	移动操作完成后自动退出命令

3. 按照本实训例题 4 格式，参考命令行/文本窗口提示信息，写出例题 1～3 详细的操作步骤。

4. 选择校园内任意斜交十字路口，估测路宽、转角半径，绘制平面示意图。

5. 分析并绘制下列图形，回答相关问题，如图 7-21 所示。

实训 7-
习题 5-1

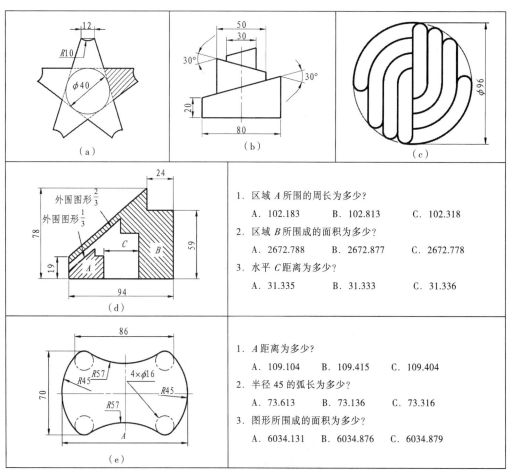

图 7-21　习题 5 图

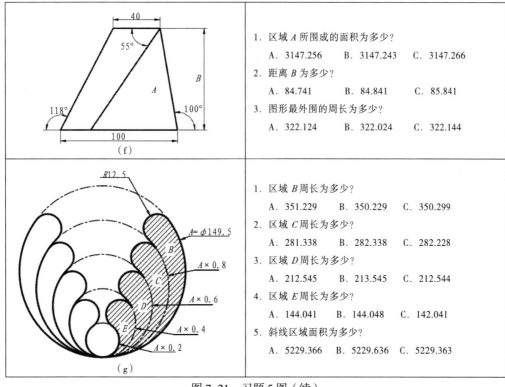

（f）

1. 区域 A 所围成的面积为多少？

   A．3147.256　　B．3147.243　　C．3147.266

2. 距离 B 为多少？

   A．84.741　　B．84.841　　C．85.841

3. 图形最外围的周长为多少？

   A．322.124　　B．322.024　　C．322.144

（g）

1. 区域 B 周长为多少？

   A．351.229　　B．350.229　　C．350.299

2. 区域 C 周长为多少？

   A．281.338　　B．282.338　　C．282.228

3. 区域 D 周长为多少？

   A．212.545　　B．213.545　　C．212.544

4. 区域 E 周长为多少？

   A．144.041　　B．144.048　　C．142.041

5. 斜线区域面积为多少？

   A．5229.366　　B．5229.636　　C．5229.363

图 7-21　习题 5 图（续）

实训八 编辑对象特性

实训内容

掌握修改对象特性的方法，包括修改对象的图层、线型和线宽等。学习使用"特性"选项板修改对象各种特性参数等。

学习组合体构成及其三视图的知识及画法。

实训要点

用户可以通过"特性"功能面板或者"图层特性管理器"对话框来修改对象的特性。使用"特性"功能面板可以修改常用特性，如颜色、线型和线宽；使用"图层特性管理器"对话框可以修改图层对象的任意特性；此外，用户还可以使用"特性"选项板修改或编辑任何对象的任意特性。

绘制组合体三视图时，各视图间的投影规律为：长对正、高平齐、宽相等。

知识准备

前面介绍了如何定义和管理图层，并通过管理图层管理具有随层特性的实体对象，在图层上组织图形对象使得处理图形中的信息更加容易。此外，在实际工作中，有时还需要将某些对象放在不同的图层上或者将某个对象使用与当前图层不同的颜色和线型来表示，这时并不需要删除并重新绘制对象，而只需要修改这些对象的特性即可。

对象特性包含对象的图层、颜色、线型、线宽和打印样式等。这些对象特性集中在"特性"功能面板或"图层特性管理器"对话框中。

在"特性"功能面板上显示哪些信息取决于是否选择了对象，如果未选择对象，"特性"功能面板将显示当前的图层和图层的特性及当前的颜色、线型、线宽和打印样式。如果只选择了一个对象，则"特性"功能面板将显示与这个对象相关的特性；如果选择了多个对象，且选中的所有对象具有相同的特性，则"特性"功能面板将显示与这些对象相关的特性；如果所选多个对象的特性不同，则功能面板中相应的控制选项为空白。

"特性"选项板是显示各个对象属性的窗口，它集合了强大的功能，利用这个选项板可以查看、修改各个对象的属性，使对象的编辑和修改变得更为直观方便。

组合体可看作是机器零件的主体模型。无论从设计零件来讲，还是从学习画图与读图来讲，组合体都是由单纯的几何形体向机器零件过渡的一个环节，其地位十分重要。

1. 使用"特性"功能面板修改对象特性

（1）修改对象图层特性

使用图层进行图形对象的分类和管理，是 AutoCAD 绘图的一项最基本的操作，也是最有效的工具之一，图层对于图形文件中各类实体的分类管理和综合控制具有重要意义。用户可以根据需要建立图层，并为每个图层指定相应的名称、线型和颜色等属性，分类绘制图形对象。

当前正在使用的图层称为当前图层。用户只能在当前图层中创建新的图形,也就是说,所有的图形都只属于创建该图形时所设立的当前层。有关当前层的相关信息会显示在"特性"功能面板上。

绘制某些对象时,若创建的图形对象不是位于恰当的图层上,而是位于当前图层,这时就需要将该对象调整到相应图层上。常用修改方法如下:

① 选择待修改对象。

② 在功能面板上打开"图层"下拉列表,单击目标图层即可,如图 8-1 所示。

图 8-1 修改对象图层

(2)修改对象颜色特性

绘图时,用户可以通过指定图层的颜色来定义随层对象的颜色,也可以指定图形中单一对象的颜色。每种颜色通过名字或颜色索引标识来表示,颜色索引标识即颜色的 ACI 号,它的取值范围为 1~255 的整数。在指定颜色时,可以在"选择颜色"对话框中选择,也可以输入 ACI 编号,或者输入颜色名。常用的 7 种标准颜色名是:红色(1)、黄色(2)、绿色(3)、青色(4)、蓝色(5)、品红(6)和黑/白(7)。

在图形中定义单一对象颜色的步骤如下:

① 选择待修改对象。

② 在功能面板上打开颜色下拉列表,直接选择标准色,或选择"选择颜色"选项,弹出"选择颜色"对话框,在该对话框中有更多颜色可供选择,如图 8-2 所示。

(a)颜色下拉列表

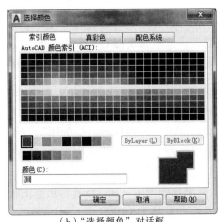

(b)"选择颜色"对话框

图 8-2 修改对象颜色

(3)修改对象线型特性

如果想对某一图形对象定义与其所在图层不一致的线型,可以在"特性"功能面板中打开"线型"下拉列表,方便地进行现场修改。具体做法如下:

① 选择待修改对象。

② 在"特性"功能面板上打开"线型"下拉列表,弹出当前 AutoCAD 文件中已定义的线型列表,直接选择需要的线型,即可完成线型的修改。

③ 如果当前线型列表中没有合适的线型,选择"其他"选项,弹出"线型管理器"对话框,单击右上角的"加载"按钮,在弹出的"加载或重载线型"对话框中补充新线型,

然后完成新线型的修改，如图 8-3 所示。

（a）当前线型列表　　　　　　　　　　（b）"线型管理器"对话框

图 8-3　修改对象线型

（4）修改对象线宽特性

在绘图过程中，既可以为图层指定线宽，也可以为每个对象赋予不同的线宽。通过"特性"功能面板中的"线宽"下拉列表框，可以修改对象的线宽。

① 选择待修改对象。

② 在"特性"功能面板上打开"线宽"下拉列表，如图 8-4 所示，选择需要的线宽，即可完成线宽的修改。

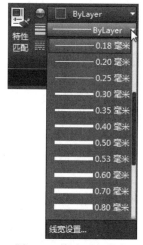

提示：对象的线宽特性在图形显示中有两种状态，即显示或隐藏。只有为图形对象设置线宽，并且线宽处于显示状态时，绘图区中的图形对象才会显示线宽。

图 8-4　修改对象线宽

2. 使用"特性"选项板修改对象特性

"特性"选项板是显示各个对象属性的窗口，它集合了强大的功能，不但可以修改对象的图层、线型和颜色等特性，还可以修改对象的尺寸和位置及其他特性。

（1）打开"特性"选项板

① 使用功能面板：在"特性"功能面板中，单击"对话框启动器"按钮 ⌐，弹出"特性"选项板，如图 8-5 所示。

② 使用菜单栏：选择"工具"→"选项板"→"特性"命令，或者选择"修改"→"特性"命令，弹出"特性"选项板。

③ 使用快捷键：按【Ctrl+1】组合键，弹出"特性"选项板。

④ "特性"选项板可放置在屏幕的任意位置，既可固定在一侧，也可以浮动放置，还可以根据需要调整其大小。

（2）"特性"选项板项目说明

"特性"选项板由位于一侧（左侧或右侧）的标题栏和位于上部的提示栏，以及各个分类选项组构成。

① "特性"选项板按类别显示对象的特性，分为"常规"、"打印样式"和"视图"等多个选项组。各选项组可以根据需要收起或展开。

（a）选项板上部的选择提示栏　　　　（b）未选择对象时　　　　（c）选择对象时

图 8-5　"特性"选项板

② 如果未选择对象，"特性"选项板将显示当前的特性，如当前的图层、颜色、线型、线宽和打印样式等。此时，可选中选项板中的项目进行修改，重新赋值。

③ 如果选择了一个对象，"特性"选项板将显示选择对象的特性，可在选项板中修改各个参数的值。

④ 如果选择了多个对象，可以在"特性"选项板顶部的下拉列表中选择某一类对象，该下拉列表中还显示了当前每一类选定对象的数量。

（3）修改对象特性

通过"特性"选项板可以方便地查看和修改一个或多个对象的特性。以修改线宽为例，步骤如下：

① 打开"特性"选项板。

② 选择待修改对象。

③ 在"特性"选项板中，选择"线宽"选项，打开"线宽"下拉列表。

④ 选择新的适当的线宽数值赋给对象，"特性"选项板中，"线宽"栏中显示新的线宽值，完成修改线宽的操作。

3. 对象特性匹配

在 AutoCAD 中可以使用对象特性匹配来修改对象特性。通过特性匹配工具可将一个对象的某些或所有特性复制到一个或多个对象上。

（1）选择"对象匹配"命令

① 使用功能面板：在"特性"功能面板中，单击"特性匹配"按钮 。

② 使用菜单栏：选择"修改"→"特性匹配"命令。

（2）使用对象特性匹配功能

① 选择该命令后，命令行出现"选择源对象："提示，同时鼠标光标变为小矩形形状，如图 8-6（a）所示。

② 在要复制其特性的对象上单击，获取特性源信息。

③ 命令行显示"当前活动设置：颜色 图层 线型 线型比例 线宽 厚度 打印样式 标注 文字 填充图案……"信息，同时鼠标光标变为排刷形状，如图 8-6（b）所示，并提示"选择目标对象或[设置（S）]"。

④ 使用排刷光标在目标对象上单击，即可将源对象的所有特性复制给目标对象。逐一将目标对象特性更新后，按【Esc】键退出"特性匹配"命令。

（a）选取源对象提示　　　　　　　　　　　　（b）选取目标对象提示

图 8-6　选择"特性匹配"命令后的鼠标光标

⑤ 如果只想复制部分特性，在提示"选择目标对象或[设置（S）]"时，输入"S"，并按【Enter】键，将弹出"特性设置"对话框，如图 8-7 所示，显示可匹配的对象特性，选择或取消选择要匹配的对象特性前面的复选框。再次执行对象匹配操作时，将按新设置的特性执行匹配。

图 8-7　"特性设置"对话框

4. 组合体及其三视图

单一的几何体称为基本体，常用的基本体包括棱柱、棱锥、圆柱、圆锥、圆球和圆环等。由一些基本体组成的较复杂的物体称为组合体。下面分析基本体和由基本体的表面互相贴合而形成的组合体的三视图的画法。

（1）视图

国家标准规定，用正投影法绘制的物体的图形称为视图。在三面投影体系中可得到物体的 3 个视图，其中 V 面投影称为主视图，H 面投影称为俯视图，W 面投影称为左视图。图 8-8（a）所示为 A 点在 3 个投影面上的投影。

为使图形简明、清晰，在绘制三视图时，不绘制投影轴和视图间的投影连线，但主视图与俯视图应在长度方向对正，主视图与左视图应在高度方向齐平，俯视图与左视图应在宽度方向相等，简言之就是：长对正、高平齐、宽相等，此为三视图间的投影规律，如图 8-8（b）所示。绘制三视图时，规定可见轮廓线用粗实线表示，不可见轮廓线用细虚线表示。

（2）组合体的构成

组合体的构成方式主要有堆积和切割两种，可仅用一种，也可综合运用堆积和切割两种方式。

① 堆积：如图 8-9（a）所示，图中的组合体由长方体、圆柱和圆锥台堆积而成。

② 切割：如图 8-9（b）所示，图中的组合体由长方体切去三棱柱和四棱柱而成。

③ 堆积和切割综合运用：如图8-9（c）所示，图中的组合体由大长方体先切去两个圆角和两个圆柱，另一个长方体先切去小长方体后，再与三棱柱一起堆积到大长方体组成。

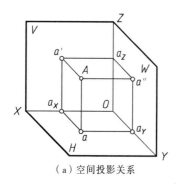

（a）空间投影关系

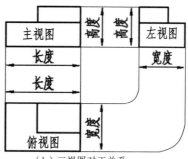

（b）三视图对正关系

图8-8　投影与视图

提示：有些组合体既可以按"堆积"的形成方式进行分析，也可以按"切割"的形成方式进行分析。采用哪种方式分析，应当根据组合体的具体情况而定，以易于理解和便于作图为准。

（a）堆积

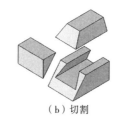

（b）切割

（c）堆积、切割综合运用

图8-9　组合体的构成

（3）组合体的表面分析

采用"堆积"和"切割"等方式分析组合体的构成，只是为了便于理解组合体的形状，方便画图、读图及尺寸标注。需要强调的是：组合体是一个整体，并不因为基本立体的"堆积"和"切割"而在其内部产生分界面。

画图时需要清楚各种不同的组合方式所形成的表面的变化。由基本立体堆积成组合体时，立体上原有的相贴合的表面成为组合体的内部而不复存在，有些表面将连成一个表面，有些表面将被切割掉，有些表面将相交或相切。在画组合体的视图时，应将上述表面的各种关系正确地表达出来。常见的表面结合关系有如下3种。

① 共面：当两个比较简单的立体上的两个平面相互平齐结合成一个平面时，它们之间就是共面关系，而不再有分界线。图8-10所示的两个长方体的前、后表面都平齐，结合成一个表面，在主视图上就不应该画出它们的分界线。

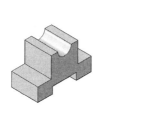

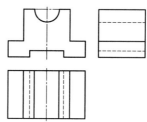

图8-10　共面组合体——无分界线

② 相交：当两个比较简单的立体上的两个表面相交时，必须绘制它们交线的投影，如图 8-11 所示。

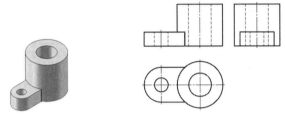

图 8-11　相交组合体——有分界线

③ 相切：当两个比较简单的立体上的两个表面相切时，在相切处两个表面是光滑过渡的，故该处的投影无分界线，切线应画到切点处，如图 8-12 所示。

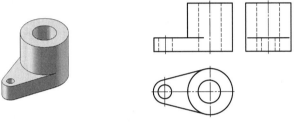

图 8-12　相切组合体——无分界线

（4）组合体的形体分析

为了方便分析问题，把比较复杂的组合体分解成为由若干较简单的立体按照不同的方式组合而成的方法，称为形体分析方法。采用形体分析方法时，要兼顾组合体的表面关系。利用形体分析方法，可以把复杂的组合体转换为简单的形体，从而便于理解复杂物体的形状，也便于对其进行绘图和尺寸标注。

图 8-13（a）所示的组合体，可以分解为由图 8-13（b）所示的简单立体。这些简单立体包括直立放置的圆筒，水平放置的圆筒，左、右上耳板，左、右下耳板和圆底板。直立圆筒与水平圆筒是垂直相交关系，所以两圆筒的内、外表面都有相贯线；上耳板的侧面与直立圆筒的圆柱面部分是相切关系，不产生交线；上耳板的上表面与直立圆筒的上表面是共面关系，无分界线；下耳板的平面表面与直立圆筒的外表面是相交关系，有截交线。其三视图如图 8-13（c）所示，在主视图与左视图上特别要注意两表面相切的位置无分界线，而所有相交表面的相交处均有分界线。

（a）立体图

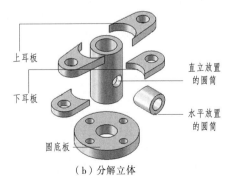

上耳板

下耳板

直立放置的圆筒

水平放置的圆筒

圆底板

（b）分解立体

图 8-13　形体分析

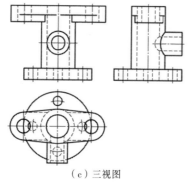

（c）三视图

图 8-13 形体分析（续）

提示：一个组合体能分解为哪些简单立体，如何划分，一方面取决于它自身的形状和结构，另一方面要便于画图和读图。

（5）组合体视图的选择

绘制组合体的视图时，应当根据组合体的不同形成方式采用不同的方法。一般而言，以堆积为主形成的组合体，多采用形体分析的方法绘制；而以切割为主形成的组合体，则多根据其切割方式及切割过程来绘制。无论采用何种方式绘制，都应当先选择视图，然后按照正确的方式画图。

主视图是最重要的视图，因此在选择组合体的视图时，应当先选择主视图。选择组合体主视图时一般应先考虑组合体的放置方式，再考虑投射方向。

① 放置方式：组合体应按照自然稳定且画图简便的位置放置（制作位置或使用位置），一般将较大的平面作为底面。

② 投射方向：选择能反映形状特征及各部分相互关系最多的方向为主视图的投射方向；应使组合体的可见性最好，也就是使 3 个视图中细虚线（不可见轮廓）最少。

组合体的主视图确定之后，其他两个视图也就确定了。

图 8-14 所示为轴承座模型组合体，采用底面在下水平放置的方式，自然稳定，如图 8-14（a）所示。分解后的立体图如图 8-14（b）所示。主视图投射方向可有 A、B、C、D 4 种选择，所对应的三视图如图 8-14（c）所示。

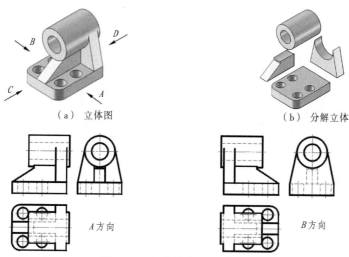

（a）立体图　　　　　　　　　　　　（b）分解立体

图 8-14 组合体的视图选择

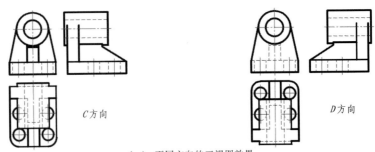

（c）不同方向的三视图效果

图 8-14　组合体的视图选择（续）

以 A 向为主视图投射方向所得到的图，将尺寸较长的方向作为 X 方向，便于合理布图，清楚地展现形体特征，左视图表达了支承板的特征形状、肋板厚度及它们与轴套在前后方向的相互位置，俯视图表达了底板的两个圆角和 4 个小孔的位置。

以 B 向为主视图投射方向所得到的图，左视图上有较多结构被遮挡，因此不宜作为主视图的投射方向。

以 C 向为主视图投射方向所得到的图，三视图上可以反映底板、支承板的特征形状及肋板宽度和它们的相互位置，但视图长宽比与图纸长宽比不一致，不便于合理布图。

以 D 向为主视图投射方向所得到的图，主视图上有较多结构被遮挡，因此不宜作为主视图的投射方向。

绘图分析与画法

下面通过典型组合体图形，说明绘制三视图的过程。

1. 例题 1

用形体分析的方法绘制组合体的视图。绘制轴承座模型三视图，如图 8-15 所示。

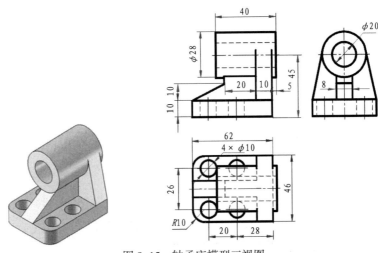

图 8-15　轴承座模型三视图

对于以堆积的方式为主形成的组合体，一般采用形体分析的方法绘制其视图。通常绘图步骤如下。

① 形体分析：如前所述，将轴承座分解为底板、轴套、支承板和肋板 4 部分，这 4 个部分之间是堆积组合。底板又可以分解成为长方体切去两个圆角及 4 个圆柱，轴套也可

以分解成为大圆柱减去小圆柱。由于底板和轴套的形状较为简单，就不再进一步分解，如图 8–16（a）所示。

② 选择主视图：放置方式与投射方向的选择如图 8–16（b）所示。

③ 选比例，定图幅：根据组合体的复杂程度和大小选择绘图比例（尽量选用 1∶1），估算三视图所占面积后，选用标准图纸幅面，这里选用 A3 图幅模板，如图 8–17 所示。

④ 布置图面：根据各视图的大小和位置绘制基准线（对称中心线、轴线和基准平面所在位置的直线），基准线是确定 3 个视图位置的线，每个视图都应该绘制两个方向的基准线，如图 8–18 所示。

（a）分解立体

（b）确定主视图

图 8–16　形体分析

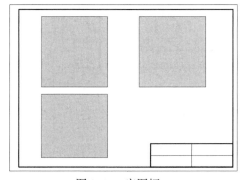

图 8–17　定图幅

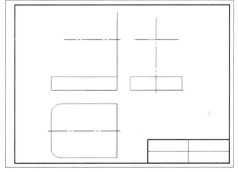

图 8–18　画基准线

⑤ 绘制草图：先用细实线绘制各视图底稿。绘图的顺序：先绘制主要形体，后绘制次要形体；先绘制外形轮廓，后绘制内部细节；先绘制可见部分，后绘制不可见部分。每个简单形体的 3 个视图要同步进行，如图 8–19 所示。完成的全图如图 8–20 所示。三视图的摆放位置参考图 8–8（b）所示。

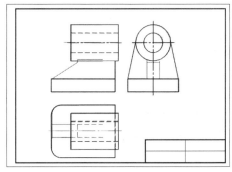

图 8–19　绘制草图

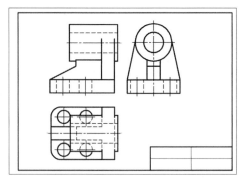

图 8-20　完成的全图

⑥ 检查图形：完成细节并检查。检查的重点是：a 各视图中两相邻的简单体的"图形线框"间是否该有分界线；b 截交线与相贯线是否正确，产生截交线与相贯线后相应的轮廓线是否处理正确；c 相切的表面是否画对。

⑦ 调整对象图层：检查无误后，将各类对象分别放置到各自的图层中，完成全图。

2. 例题 2

按切割顺序绘制组合体的视图，如图 8-21 所示。

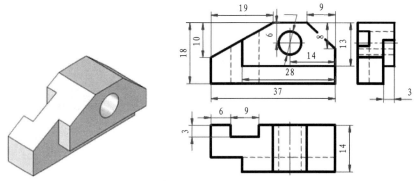

图 8-21　按切割顺序绘制组合体三视图

对于以切割方式为主形成的组合体，一般按切割的顺序绘制其视图。

① 选择主视图：组合体的放置方式与投射方向的选择如图 8-22（a）所示。

② 选比例、定图幅：根据组合体的复杂程度和大小选择绘图比例，计算三视图所占面积后，选用标准图纸幅面。

③ 布置图画：根据各视图的大小和位置绘制基准线，如图 8-22（b）所示。

④ 绘制草图：绘图的顺序是：a）画长方体，如图 8-22（c）所示；b）长方体切去左、右两个角，如图 8-22（d）所示；c）切去后部的槽，如图 8-22（e）所示；d）再切去左前侧与前下部，如图 8-22（f）所示；f）画孔，如图 8-22（g）所示。每次切割要在 3 个视图上同步进行。

⑤ 检查图形：完成细节并检查。检查的重点是：切割时形成的投影面垂直面是否正确，即一个投影积聚成直线，另两个投影为"类似形"的投影特征。

⑥ 调整对象图层：检查无误后，将各类对象分别放置到各自的图层中，完成全图，如图 8-22（h）所示。

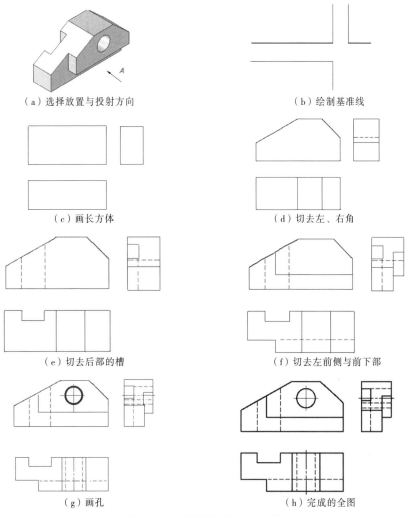

（a）选择放置与投射方向　　　　　　　　（b）绘制基准线

（c）画长方体　　　　　　　　　（d）切去左、右角

（e）切去后部的槽　　　　　　　　（f）切去左前侧与前下部

（g）画孔　　　　　　　　　（h）完成的全图

图 8-22　三视图绘图分布示例

习　　题

1. 对象特性匹配的含义是什么？
2. 使用"特性"选项板可以修改对象的哪些特性？
3. 什么是视图，3 个视图之间存在怎样的关系？
4. 什么是形体分析法，为什么要进行形体分析？
5. 绘制三视图（见图 8-23）。

长方体 （3 个尺寸）	

图 8-23　习题 5 图

实训 8–
习题 6-1

实训 8–
习题 6-4

正六棱柱 （两个尺寸，括号中的尺寸 19.6 为参考尺寸）	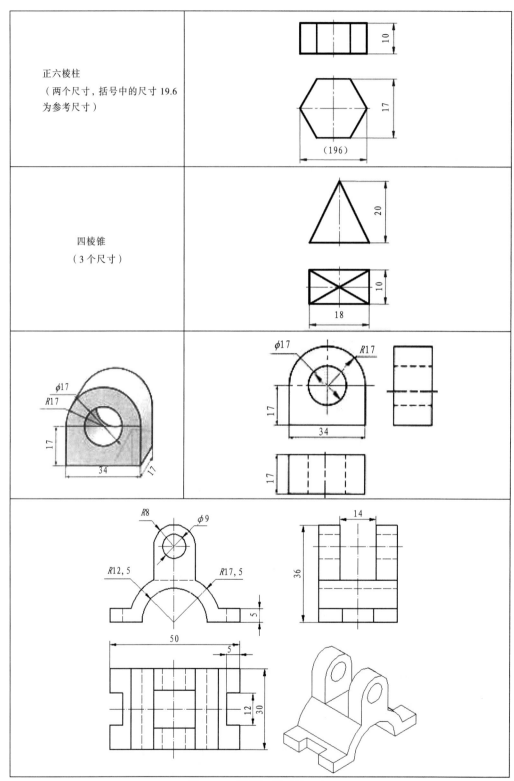
四棱锥 （3 个尺寸）	

图 8-23　习题 5 图（续一）

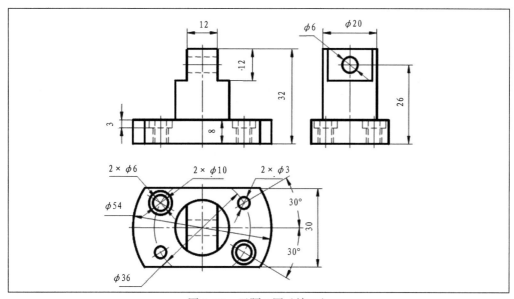

图 8-23 习题 5 图（续二）

学习 AutoCAD 文字和表格及文字样式和表格样式的概念，掌握在图形中创建文字和表格的方法，同时学习对已创建的文字和表格及文字样式和表格样式进行修改和编辑的方法与技巧。

在工程图样中，文字是图纸信息中的重要组成部分。

AutoCAD 中的文字分为单行文字和多行文字。单行文字主要用于一些不需要多种字体或多行的简短输入；多行文字是由任意数目的文字行或段落组成的，进行较长、较为复杂的文字说明时，应使用多行文字。

文字与表格组合使用，可以对图纸明细、技术要求和标题栏等内容进行更加清晰的说明。

在工程制图中，文字标注可以表达图形的各种信息。用户通过使用文字可以标注复杂的技术要求、标题栏信息和标签等，同时还可以标记图形的各个部分，对其进行说明或注释。AutoCAD 图形中的所有文字都具有与之相关联的文字样式，用户根据要求可以修改或创建一种文字样式。

1. 单行文字

在 AutoCAD 中，用户可以使用单行文字创建一行或多行文字，其中每行文字是相互独立的对象，可对其进行重定位、调整格式或进行其他修改等。在输入文字之前，需要在命令行中设置文字的样式、对正方式、起始位置、高度及旋转角度等。下面介绍创建单行文字的方法与具体操作。

（1）调用"单行文字"命令的方法

① 使用菜单栏：选择"绘图"→"文字"→"单行文字"命令。

② 使用功能面板：单击"注释"功能面板■按钮，选择"单行文字"命令。

③ 使用命令行：在"命令"提示符后输入"DText"命令，并按【Enter】键。

（2）创建单行文字的方法与技巧

① 选择"单行文字"命令后，命令行出现图 9-1（a）所示信息，提示用户当前使用的文字样式和文字高度等，同时提示用户指定文字的位置、对正方式或其他文字样式。

② 使用当前默认文字样式和文字高度。在绘图窗口单击指定文字的起点，此时系统默认以左对正方式定位文字的对正点。

③ 如果不想采用系统默认的对正方式或文字样式，应先输入字母 J 或 S，提示行会出现多种文字对正方式等相应信息，用户可以从中选择一种合适的对正方式及输入一种新

的文字样式名。

④ 指定文字的起始点位置后，在"指定高度<*>："提示下输入文字的高度，然后按【Enter】键。其中"*"为文字的当前高度值。

⑤ 在"指定文字的旋转角度<*>："提示下输入文字的旋转角度，然后按【Enter】键。其中"*"为文字的当前旋转角度值，如图 9-1（b）所示。

⑥ 在"输入文字："提示下输入文字的内容，然后按【Enter】键，即可创建单行文字，如图 9-1（c）所示。

⑦ 创建第一行文字后，并不退出命令，此时，若按【Enter】键，则可以在当前行文字下面，继续输入新的文字；若在绘图窗口的另一位置单击，则可以在新的位置继续输入文字。双击即可退出"单行文字"命令。

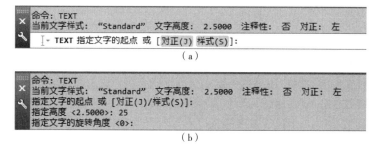

图 9-1 创建单行文字

（3）输入特殊字符

创建单行文字时，还可以在文字中输入特殊字符，例如直径符号、百分号、正负公差符号等。但是这些特殊符号一般不能从键盘直接输入，为此系统提供了专用的控制码。每个控制码由"%%"与一个字符组成，如%%C、%%D、%%P 等。表 9-1 为在 AutoCAD 中用户可以使用的控制码。

表 9-1 输入特殊符号的控制码

控 制 码	意 义
%%C	表示直径符号
%%D	表示角度符号
%%O	表示上划线符号
%%P	表示正负公差符号
%%U	表示下划线符号
%%%	表示百分号
%%nnn	表示 ASCII 码符号，其中 nnn 为十进制的 ASCII 码符号值

提示：%%O 与%%U 是两个切换开关。在文本中第 1 次输入此符号，表明打开上划线或下划线，第 2 次输入此符号，则关闭上划线或下划线。可同时为文字加上划线和下划线。上划线和下划线在文字字符串结束处自动关闭。

（4）设置单行文字的对正方式

创建单行文字时，用户可以设置文字的对正方式。AutoCAD 提供的文字对正方式有"[对齐(A)/调整(F)/居中(C)/中间(M)/右(R)/左上(TL)/中上(TC)/右上(TR)/左中(ML)/正中(MC)/

右中(MR)/左下(BL)/中下(Bc)/右下(BR)"。各种对正方式文字对正点位如图 9-2 所示。

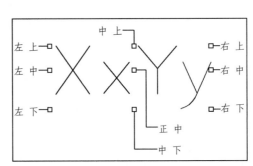

图 9-2　文字对正点位

（5）设置文字样式

创建单行文字时，用户还可以指定文字的样式。在"输入样式名或[?]<Standard>:"提示下，可直接按【Enter】键使用默认文字样式，也可以直接输入一个已创建的文字样式的名称，然后按【Enter】键，或者输入"？"符号并按【Enter】键，则命令行出现"输入要列出的文字样式<*>:"提示，此时按【Enter】键，系统将打开一个文本窗口，该窗口列出了所有文字样式的各种信息。

提示：当输入的文字信息显示为"？？？"符号时，表明当前选择的文字样式不支持当前所输入的文字，调整文字样式后，即可恢复正常显示。

2. 多行文字

对于较长、较复杂的内容，用户可以创建多行文字段。一般来说，多行文字段是由任意数目的文字行或段落组成的，文字布满指定的宽度，同时可以沿垂直方向无限延伸。

（1）调用"多行文字"命令的方法

① 使用菜单栏：选择"绘图"→"文字"→"多行文字"命令。

② 使用功能面板：在"绘图"功能面板中单击"多行文字"按钮 **A**。

③ 使用命令行：在"命令"提示符后输入"Mtext"命令并按【Enter】键。

（2）创建多行文字的方法和技巧

① 选择"多行文字"命令后，命令行出现如图 9-3 所示信息，提示用户当前使用的文字样式、文字高度和指定第一角点等信息，同时鼠标光标变为图 9-4（a）所示的形状。指定第一角点后，命令行提示"指定对角点"等信息，移动鼠标，绘图区内出现一个随鼠标变化的矩形方框，同时矩形方框内出现一个箭头。

图 9-3　执行"多行文字"命令

提示：AutoCAD 的多行文字有着丰富的编辑对话提示，建议忽略命令行提示，使用绘图区编辑提示。

② 绘图区内出现的矩形方框指示多行文字段书写区域的位置与大小，其箭头指示文

字书写的方向。指定多行文字段的矩形区域后，系统进入多行文字编辑状态，多行文字段书写区域显示为图 9-4（b）所示的状态，并在屏幕上端弹出"文字编辑器"选项卡，如图 9-4（c）所示。

提示：在文本编辑状态，若要调整多行文字段书写的区域，通过托拽下框线、右框线或右下角的箭头，即可改变书写区域的长和宽。

③ 在"文字编辑器"选项卡中，包含有样式、格式、段落、插入等面板，可以设置文字样式、字体、字号、加粗、倾斜和颜色等文字属性，还可以设置分栏、对正、对齐、行距等段落属性，使用户得心应手地处理文字。

④ 在"文字编辑器"选项卡中，AutoCAD 还为用户提供了符号、倾斜和字母大小写转换等功能，方便用户输入符号和定义特殊格式，如图 9-4（d）所示。

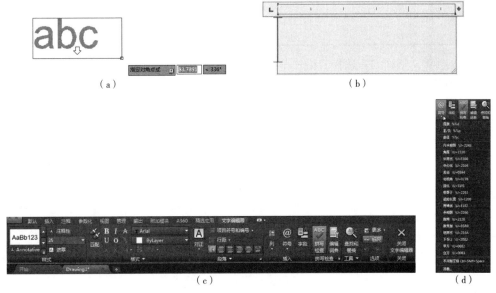

图 9-4　创建多行文字

（3）插入外部文字

在编辑文字时，AutoCAD 允许用户从外部插入文字，即利用其他文字处理软件编辑文字，然后将其插入图形中；还允许用户通过复制、粘贴文字，提高编辑效率。

① 粘贴来自其他文字处理软件的文字：打开其他文字处理软件，如 Microsoft Word 文档，利用组合键【Ctrl+X】剪切或【Ctrl+C】复制指定的文字，然后在 AutoCAD 系统中利用组合键【Ctrl+V】将用户剪切或复制的文字粘贴到当前图形的多行文字段书写区域中，并进行排版编辑；若将外来文字直接粘贴到当前图形中，应修改文字特性，如文字大小、缩放比例等，可双击该文字段，在链接的软件环境中进行相应的修改。

② 粘贴来自 AutoCAD 系统的文字：当用户需要利用 AutoCAD 图形中已经存在的文字时，可以对其进行剪切、复制和粘贴等操作。首先选取图形中已有的文字，执行剪切或复制操作，然后粘贴到当前图形中，选择文字粘贴的位置即可完成操作。之后，可根据需要，双击该文字，弹出"文字编辑器"选项卡，对文字进行格式化处理。

3. 使用文字样式

AutoCAD 图形中的所有文字都具有与之相关联的文字样式。当用户在图形中输入文字时，AutoCAD 使用当前的文字样式来设置文字的字体、字号、旋转角度和方向等。如果用户要使用其他的文字样式来创建文字，则需要将其设置为需要的文字样式。

选择字体和字体样式

AutoCAD 为用户提供了一种默认的文字样式，名为 Standard，其具体属性如表 9-2 所示。当系统提供的 Standard 文字样式不能满足用户的绘图要求时，可以创建新的文字样式或修改 Standard 文字样式，建立创建用户自命名的新的文字样式。

表 9-2　默认文字样式的属性

设　　置	默　　认	说　　明
样式名	STANDARD	名称最长为 255 个字符
字体名	Txt.shx	与字体相关联的文件（字符样式）
大字体	非	用于非 ASCII 字符集（如汉字）的特殊形定义文件
高度	0	字符高度
高度比例	1	延展或压缩字符
倾斜角度	0	倾斜字符

① 创建文字样式：选择"格式"→"文字样式"命令，弹出"文字样式"对话框，单击"新建"按钮，即可弹出"新建文字样式"对话框，如图 9-5 所示，在"样式名"文本框中输入文字样式的名称，然后单击"确定"按钮，即可创建新的文字样式。此时用户可以设置新文字样式的属性，如文字的字体、高度和效果等，完成后单击"应用"按钮，即可将其设置为当前文字样式。

（a）"新建文字样式"对话框　　　　　　　（b）设置属性

图 9-5　创建文字样式

② 当系统中存在多种文字样式时，用户可以选择一种满足要求的文字样式来编辑文字。在"文字样式"对话框中，从"字体名"下拉列表中选取相应的文字样式，同时还可以浏览该文字样式的各种属性。

③ 控制文字的效果，在"文字样式"对话框的"效果"选项组中提供了多个选项，用户可以通过设置其中的选项控制文字的效果，如图 9-6 所示。

4. 修改文字

当用户发现图形中的文字存在错误时，可以对该文字进行修改。AutoCAD 为用户提供了修改文字的命令。

（1）选择命令

① 使用菜单栏：选择"修改"→"对象"→"文字"→"编辑"命令。

（a）"颠倒"效果　　　　　　　　（b）"反向"效果

图 9-6　文字效果

② 使用命令行：在"命令"提示符后输入"Ddedit"命令并按【Enter】键，修改单行文字；在"命令"提示符后面输入 Mtedit 命令并按【Enter】键，修改多行文字。

（2）修改文字

选择相应命令后，单击需要修改的文字，进入修改状态，根据需要，进行修改。执行完当前修改操作后，系统并不退出修改状态，如果用户不需要修改其他文字，按【Enter】键即可完成本次文字修改操作。

（3）修改文字的注意事项

① 修改单行文字时，建议使用"特性"选项板或"快捷特性"选项板进行修改，选中单行文字，单击右键，在弹出的快捷菜单底部选择"特性(S)"或"快捷特性"命令，打开"特性"选项板或"快捷特性"选项板。使用"特性"选项板或"快捷特性"选项板不仅可以修改文字的内容，还可以修改单行文字的大小、对正等特性，如图 9-7 所示。

② 若要修改多行文字，可通过直接双击文字，激活"文字编辑器"选项卡，然后在文字编辑状态下，对多行文字进行编辑、修改等操作，如图 9-4（c）所示。

5．表格的创建和编辑

利用 AutoCAD 的表格功能，可以方便、快捷地绘制图纸所需的表格，如明细表和标题栏等。在绘制表格之前，应先定义表格样式，使表格按照一定的标准进行创建。

（1）创建表格样式

在菜单栏中，选择"格式"→"表格样式"命令，或在"注释"功能面板中，单击下拉箭头，展开列表，单击"表格样式"按钮，弹出"表格样式"对话框，如图 9-8 所示。

实训 9-
定义表格样式

图 9-7　使用"特性"选项板或"快捷特性"选项板修改单行文字

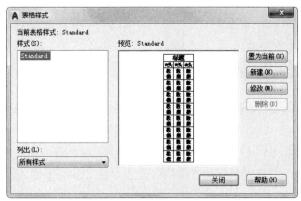

图 9-8 "表格样式"对话框

① 在"表格样式"对话框右上角单击"新建"按钮，弹出图 9-9（a）所示对话框，命名新样式名称，单击"继续"按钮，弹出图 9-9（b）所示的对话框，对表格样式进行定义。该对话框中的右中部有 3 个选项卡，分别是"常规"、"文字"和"边框"，如图 9-10 所示。

② 在"常规"选项卡中可以定义表格的填充颜色、对齐方式等表格特性和页边距等；在"文字"选项卡中，可以设置文字特性，如选用何种文字样式，并可定义文字高度、颜色和角度等文字特性；在"边框"选项卡中，可以设置表格边框的线宽、线型和颜色等特性，还可以设置边框特性在表格中的应用情况。

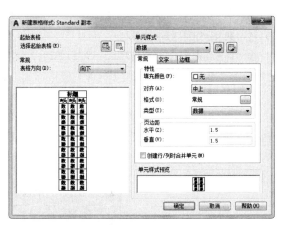

（a）"创建新的表格样式"对话框　　　　　　　　（b）定义单元样式

图 9-9　新建表格样式

（a）"常规"选项卡　　　　　　（b）"文字"选项卡　　　　　　（c）"边框"选项卡

图 9-10　定义表格样式

（2）修改表格样式

若需要对已定义好的表格样式进行修改，可以在图 9-8 所示的"表格样式"对话框中，选中要修改的表格样式名，单击右上角的"修改"按钮，弹出"修改表格样式"对话框，在该对话框中可以修改表格的各项属性。修改完成后，单击"确定"按钮，完成表格样式的修改。

（3）创建表格

完成表格样式的定义后，即可创建表格。在菜单栏中，选择"绘图"→"表格"命令，或在"注释"功能面板中，单击"表格"按钮，弹出"插入表格"对话框，如图 9-11 所示。根据内容需要，设置表格参数即可。

① 首先选择表格样式，根据需要，选择已定义好的表格样式，然后在"插入选项"和"插入方式"选项组中设置相关参数，通常保持默认设置。

② 设置表格行、列参数，如图 9-12（a）所示。设置行参数时，AutoCAD 默认第一行为标题行，第二行为表头行，第三行以后才为数据行。因此生成表格后，表格的总行数等于"数据行"中所定义的数据行数加上第一行和第二行。

提示：插入表格时，默认列宽单位为毫米（mm），行高单位为字高加上 2×垂直间距。表格中文字的大小会决定表格单元格的大小，如果表格中某行中的一个单元格发生变化，它所在的行也会发生变化。表格创建好后，列宽和行高都可以在"特性"选项板中进行修改。

③ 设置表格单元样式，如图 9-12（b）所示。设置完成后可在预览窗口查看表格外观，然后单击"确定"按钮即可。

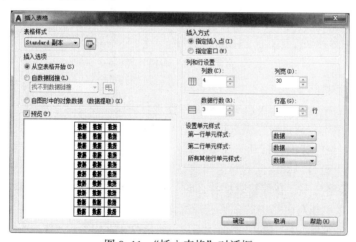

图 9-11　"插入表格"对话框

（a）设置表格行、列参数　　　　　（b）设置表格单元样式

图 9-12　设置表格参数

④ 在绘图窗口中的适当位置单击，即可将定义好的表格插入到当前位置，同时激活"文字编辑器"选项卡，在第一个单元格中（标题栏中），光标变为文字光标，提示输入表格内容，按【Tab】键切换单元格，依次录入表格内容，如图 9-13 所示，完成录入后，单击"关闭"按钮退出表格录入状态。表格单元中的数据可以是文字或块。

⑤ 如果绘制的表格是一个数表，用户可能需要对表中的某些数据进行求和、均值等公式计算。AutoCAD 提供了非常快捷的操作方法，首先选中将要进行公式计算的单元格，，单击"插入"功能面板 fx 按钮下面的下三角按钮，在弹出的下拉列表中选择"求和"命令，根据提示选择求和单元格范围如图 9-14 所示。

图 9-13　录入表格内容

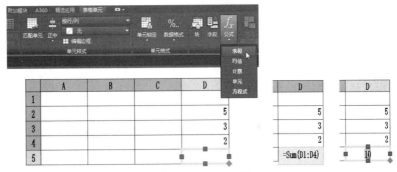

图 9-14　表格计算

（4）编辑表格

通过调整表格的样式，可以对表格的特性进行编辑；通过文字编辑工具，可以对表格中的文字进行编辑；通过对夹点进行编辑，可以调整表格中行与列的大小。

① 编辑表格的特性：打开"表格样式"对话框，用户可以对表格中的文字高度和颜色等进行编辑，也可以对线框的颜色和线宽等特性进行编辑。

② 编辑表格文字：在编辑表格特性时，对表格中文字样式的某些修改不能应用在表格中，这时可以单独对表格中的文字进行编辑。双击单元格中的文字，激活"文字编辑器"选项卡，此时可对单元格中的文字进行编辑，如修改文字内容、字体、字号和对齐等特性，也可以继续输入其他字符，按【Tab】键切换到下一单元格。

③ 编辑表格中的行高和列宽：在使用"表格"工具创建表格时，行与列的间距都是均匀的，因此会造成某些单元格空间不足或富裕，影响表格使用。若要使表格中行与列的间距适合文字的宽度与高度，可以通过调整夹点来实现。在表格线上单击以选中表格，表格上即出现夹点，通过移动相应位置的夹点，可以调整整个表格的行高和列宽、某一行的行高或某一列的列宽，如图 9-15 所示。

④ 合并与拆分单元格：在表格单元格内单击，激活"表格单元"选项卡，选中要合并的单元格，单击"合并单元"按钮，并选择相应合并方式选项，即可完成合并单元格的操作，如图 9-16 所示；合并单元格时，系统提供了多种合并方式，若同时选中了多个单元格，可以分别"按行"或"按列"合并，或将所有单元格"全部"合并。同理，拆分时先选中要

拆分的单元格，然后单击"取消合并单元"按钮▦，即可完成拆分单元格的操作；拆分单元格时只能拆分被合并的单元格，不能将原来创建的表格中的单元格拆分，如图 9-17 所示。

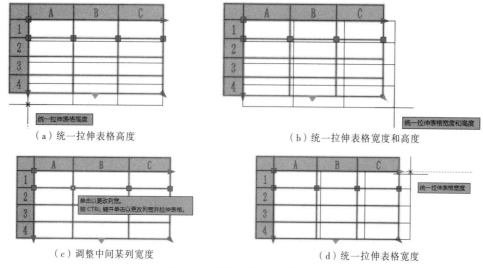

（a）统一拉伸表格高度　　　　　　　　（b）统一拉伸表格宽度和高度

（c）调整中间某列宽度　　　　　　　　（d）统一拉伸表格宽度

图 9-15　编辑表格中行列大小

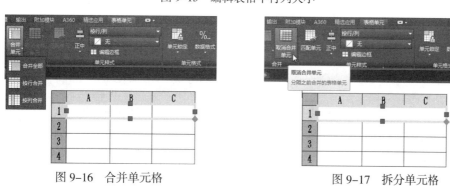

图 9-16　合并单元格　　　　　　　　图 9-17　拆分单元格

提示：创建表格时，也可以不使用 AutoCAD 提供的表格工具来实现。很多现场工作人员习惯使用"画线—再修剪"的方式，画出表格，如绘制标题栏、明细栏等表格。如果创建较大的表格，而且是在使用中还要随内容不断进行编辑调整的表格时，还是使用表格工具进行创建更方便、快捷。

绘图分析与画法

1. 例题 1

使用 AutoCAD 表格工具，创建表 9-3 所示标题栏。单元样式和尺寸在创建表格时定义（列宽 30，文字高度 4.5）。

表 9-3　标题栏

		材料		比例	
		数量		图号	
制图					
审核					

（1）表格分析

① 该表格由 4 行 7 列组成。

② 表格的左上角和右下角分别有 2 行 3 列和 2 行 4 列被合并。

③ 在表格的第 1、4、6 列位置有栏目文字。

（2）创建表格

① 定义或修改当前应用的表格样式，将"数据"、"表头"、"标题"单元格样式统一定义为对齐："正中"，类型："数据"，文字样式："宋体"，文字高度："4.5"，其他选项默认，参考图 9-10。

② 插入表格：在菜单栏中，选择"绘图"→"表格"命令，或在"绘图"功能面板中，单击"表格"按钮，弹出"插入表格"对话框，如图 9-18 所示。

图 9-18　插入表格

③ 设置表格参数：根据内容需要，设置表格参数，如图 9-19 所示。

（a）设置表格行列参数　　　　　　（b）设置表格单元格参数

图 9-19　设置表格参数

④ 设置好表格参数后，单击"确定"按钮，系统返回绘图界面，并提示指定表格插入点。选择适当的位置，插入表格，系统弹出图 9-20 所示表格文字输入框。此时，可以逐一选择单元格，输入表格内容，也可以先定义整个表格，然后再输入表格文字。

图 9-20　输入表格文字

⑤ 单击鼠标，交叉选取表格左上角 2 行 3 列单元格，此时"文字编辑器"选项卡变为"表格单元"选项卡。在"合并"功能面板上单击"合并单元"按钮，在其下拉列表中选择"全部"命令，合并左上角的单元格，如图 9-21 所示。同理，将右下角 2 行 4 列单元合并。

⑥ 在选定单元格上双击，进入文字录入界面，录入表格文字，如图 9-22 所示。录入文字时，可以根据需要，灵活调整文字的对齐方式和文字大小等样式。

图 9-21　合并表格单元

图 9-22　录入表格文字

⑦ 完成全部工作后，单击"关闭"按钮，退出创建表格状态。创建好的表格如图 9-23 所示。

			材　料		比　例	
			数　量		图　号	
制　图						
审　核						

图 9-23　创建好的表格

2. 例题 2

本例为田径场改扩建设计说明，如图 9-24 所示。

本设计为××职业技术学院体育场塑胶跑道改扩建设计			
（1）设计原则 ① 改扩建的该体育场是为了满足该学院师生日常锻炼的需要，以田径运动项目为主，兼顾足球比赛场地。按通行比赛规则，400m 田径场地半径选用 37.898m。 ② 尽量在原有体育场地内建设，适当向西平移，满足铺设 8 条跑道的要求。 ③ 为完善田径体育设施和满足发展需要，完成其必备的辅助设施，包括主看台、内环沟、电缆井和场地上水管等项目。 ④ 本设计只设计场地的改扩建，不包括提供任何体育器材。 （2）技术指标 垫层混凝土的强度统一为 C10，其他部位混凝土强度均统一为 C20。	（3）图纸目录 | 序号	图号	图　名
---	---	---
1	G-1	场地平面布置图
2	G-2	场地标高平面图
3	G-3	场地塑胶铺设平面图
4	G-4	场地测量基准桩布置图
5	G-5	
6	G-6	
后面略					

图 9-24　田径场改扩建设计说明书

打开实训五建立的模板文件，另存到个人文件夹中。（若模板文件尚未建立，在此首先按照实训五所讲要求和步骤，补充完成模板的建立工作。）

（1）录入标题文字

① 单击"注释"功能面板中的"多行文字"按钮 A，进入多行文字录入界面，弹出"文字编辑器"选项卡，在"文字编辑器"选项卡"样式"面板中选择文字样式为"st"（宋体），如图 9-25 所示。

图 9-25　选定文字样式

② 录入文字"××职业技术学院体育场塑胶跑道改扩建设计"，选择文字，调整文字大小、对正、加粗等特性，单击"关闭"按钮，观察效果。如对文字效果不满意，可双击需修改的文字，重新进入文字编辑状态，调整需要修改的文字特性，如图 9-26 所示。

图 9-26　录入、编辑标题文字

（2）录入说明文字

① 单击"注释"功能面板中的"多行文字"按钮 A，进入多行文字录入界面，弹出"文字格式"工具栏，在"文字格式"对话框中选定文字样式为"fst"（仿宋体）。

② 录入"设计原则"、"技术指标"等说明文字。选定文字，调整文字大小、对正、行宽等特性，单击"关闭"按钮，观察效果。如对文字效果不满意，可双击需要修改的文字，重新进入文字编辑状态，调整需要修改的文字特性。如对文字的上下、左右位置不满意，可单击选中文字，然后拖动边框或角点，调整文字行宽及位置等，如图 9-27 所示。

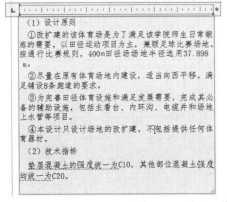

图 9-27　录入、编辑说明文字

（3）创建图纸目录（表格）

① 定义表格样式：选择"格式"→"表格样式"命令，弹出"表格样式"对话框，定义表格样式。标题对齐方式为"左中"，文字样式为"st"，文字高度为"4.5"，其余保

持系统默认设置，如图 9-28 所示。表头和数据对齐方式为"正中"，文字样式为"fst"，文字高度为"4.5"，其余保持系统默认设置，如图 9-29 所示。

图 9-28　定义表格标题样式

图 9-29　定义表格表头、数据样式

② 插入表格：单击"注释"功能面板中的"表格"按钮▦，弹出"插入表格"对话框，选用前面定义的表格样式，设置表格参数为 3 列 6 行，列宽为 30，第一行为表格标题，第二行为表格表头，其他行为数据行，如图 9-30 所示。

图 9-30　定义表格参数

③ 在图形中选择适当位置插入表格，随后录入表格标题和表头单元文字。根据文字内容，调整表格列宽，如图 9-31 所示。

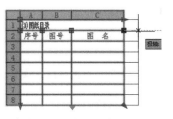

图 9-31　录入标题、表头，调整表格列宽

④ 录入表格文字，根据表格和版面的需要调整行高，如图 9-32 所示。

⑤ 完成文字、表格的创建，如图 9-33 所示。

图 9-32 录入表格文字，调整表格行高

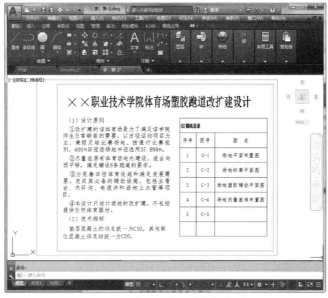

图 9-33 完成文字、表格的创建

习　题

实训 9-
习题 5

1. 如何创建新的文字样式？
2. 单行文字与多行文字的区别有哪些？
3. 文字的显示效果有几种？

4. 结合上机实训情况，查询 AutoCAD 联机帮助，参考下列格式，归纳整理本实训所练习的各个命令，如表 9-4 所示。

表 9-4　练习命令

命　令	调用方法	功　用	退出方法
Mtext	"注释"功能面板：Ⓐ "绘图"菜单："文字" – "多行文字" 命令行：Mtext	建立多行文字	按【Esc】键 在"文字编辑器"选项卡中，单击"关闭"按钮

5. 根据课程安排，参考图9-34中的内容，创建本组实训图纸集封面。

<table>
<tr><td colspan="5" align="center">××职业技术学院 AutoCAD 应用技术实训图纸集</td></tr>
<tr>
<td colspan="2">

1. 实训任务和要求

　　通过集中实训，使同学们将知识与技能相结合，掌握 AutoCAD 绘图技术及常见绘图技巧，能够使用 AutoCAD 完成基本图形的绘制工作，并进一步学习使用 AutoCAD 解决实际问题的能力。

2. 实训成果要求

① 掌握 AutoCAD 使用方法、技巧。

② 熟练使用 AutoCAD 绘制常见图形。

③ 完成规定图形的绘制任务。

④ 按照下发的报告文档格式提交实训报告。

</td>
<td colspan="3">

3. 图纸目录

序号	图号	图　　名
1	G-1	实训二典型图例
2	G-2	篮球场地图
3	G-3	实训三典型图例
4	G-4	实训室平面布置图
5	G-5	实训四典型图例
6	G-6	A4 标准图纸模板

后面略

</td>
</tr>
</table>

图 9-34　习题 5 图

实训十 尺寸标注

实训内容

学习标注样式的定义与应用，能够对标注样式进行管理和编辑。

掌握创建和编辑各种尺寸标注及创建引线、注释的方法和技巧等。

实训要点

在工程图样中，除需表达形体的结构形状外，还需要标注尺寸，以确定形体的大小。因此，尺寸也是图样的重要组成部分。AutoCAD 提供了一套完整的尺寸标注命令，用户利用这些尺寸标注命令可以快速、方便地标注图纸中各种尺寸，如线性尺寸、角度尺寸、直径尺寸、半径尺寸，以及引线、注释等。

在进行尺寸标注前，应根据图样需要，定义标注样式。

知识准备

零件的真实大小以工程图纸上所标注的尺寸数字为依据，即工程图的尺寸标注是描述零件的几何形状和尺寸的。因此，在工程制图中尺寸标注是一项基本的、重要的内容。一个完整的尺寸标注由尺寸数字、尺寸线、尺寸界线、尺寸线的终端及符号等部分组成，如图 10-1 所示。

提示：建议结合实训一中尺寸标注相关内容，学习本实训。

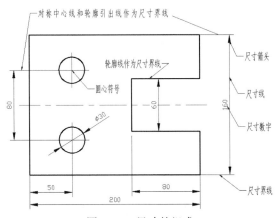

图 10-1 尺寸的组成

在 AutoCAD 中，系统默认将尺寸设置为一个图块，即尺寸数字、尺寸线、尺寸界线、尺寸线终端等在尺寸中不是相互独立的，而是作为一个整体构成一个图块的。修改尺寸数字的标注位置时，系统会自动改变尺寸的其他组成部分，如尺寸箭头与尺寸线的位置、尺寸界线的长短等。

如果要将某尺寸的各个组成部分设置为相互独立的实体，则可以使用"分解"命令将该尺寸分解。

实训 10-
建立标注样式

1. 创建尺寸标注样式

标注样式是决定尺寸标注形式的尺寸变量设置的集合。在 AutoCAD 中，系统默认的标注样式为 ISO-25 标准。

在进行尺寸标注时，若所标注的尺寸形式与图形不匹配，不符合绘图要求，此时即可根据需要对默认标注样式进行修改或添加新的标注样式。

通过创建标注样式，可以设置尺寸标注系统变量，并控制任何类型的尺寸标注的布局及形式。为了方便管理尺寸标注的样式，AutoCAD 提供了"标注样式管理器"对话框，如图 10-2 所示。在该对话框中，可以创建和修改尺寸标注的样式。

提示：做好 AutoCAD 环境设置，对于提高工作质量和工作效率有重要影响。用户可根据需要设置多个标注样式，绘图时灵活选用，避免反复修改标注样式带来的不必要的麻烦，以达到事半功倍的效果。

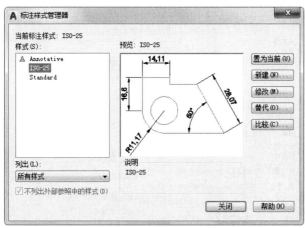

图 10-2　"标注样式管理器"对话框

（1）打开"标注样式管理器"对话框

① 使用菜单栏：选择"格式"→"标注样式"命令，或者选择"标注"→"标注样式"命令。

② 使用功能面板：单击"注释"功能面板下拉三角按钮，在列表中单击标注样式按钮 。

③ 使用命令行：在命令行输入"Dimstyle"命令，并按【Enter】键

（2）创建新标注样式

打开"标注样式管理器"对话框后，单击"修改"按钮，可以在"标注样式管理器"对话框左侧的"样式"列表框中选择当前尺寸标注的样式，然后单击"修改"按钮，弹出"修改标注样式"对话框。对当前标注样式进行修改；也可以单击"新建"按钮创建新的标注样式。

① 单击"新建"按钮，弹出"创建新标注样式"对话框，如图 10-3 所示，要求用户对新样式进行命名，并询问新样式的基础样式及应用范围。

② 单击"继续"按钮，弹出"新建标注样式：副本 ISO-25"对话框，在该对话框的"线"、"符号和箭头"、"文字"、"调整"、"主单位"、"换算单位"、"公差" 7 个选项卡中，

可以分别对尺寸标注要素的大小、样式、位置、单位和公差等特性进行定义，如图 10-4 所示。

图 10-3 "创建新标注样式"对话框

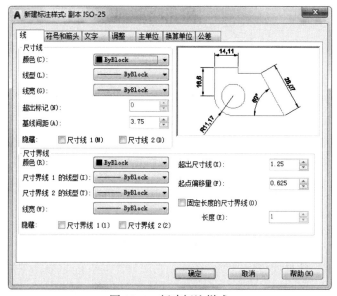

图 10-4 新建标注样式

（3）设置尺寸标注中的线

当需要设置尺寸标注中的线时，在新建标注样式对话框中选择"线"选项卡，对尺寸线、尺寸界线等相关对象进行定义或修改。

① 设置尺寸线：图 10-5 所示为"线"选项卡中的"尺寸线"选项区域，在这里可以定义或修改尺寸线的颜色、线型、线宽、基线间距和是否隐藏尺寸线等参数。

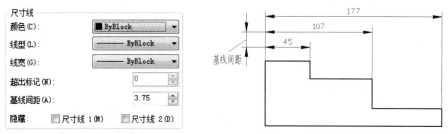

图 10-5 设置尺寸线

② 设置尺寸界线：图 10-6 所示为"线"选项卡中的"尺寸界线"选项区域，在这里可以定义或修改尺寸界线的颜色、线型、线宽、超出尺寸线距离、起点偏移量和是否隐藏尺寸界线等参数。

图 10-6　设置尺寸界线

（4）设置尺寸标注中的符号和箭头

当需要设置尺寸标注中的符号和箭头时，可以在"新建标注样式"对话框的"符号和箭头"选项卡中，对箭头、圆心标记、弧长符号、半径折弯标注和线性折弯标注等参数进行定义或修改，如图 10-7 所示。

图 10-7　"符号和箭头"选项卡

① 设置箭头：在"符号和箭头"选项卡的"箭头"选项区域，可以对箭头的形状和大小等参数进行设置，如图 10-8 所示。

图 10-8　设置箭头

② 设置标记和符号：图 10-9 所示为设置圆心标记、弧长符号等参数设置区域。

图 10-9　设置标记和符号

（5）设置标注文字

在"新建标注样式"对话框的"文字"选项卡中，如图 10-10 所示，可以对尺寸标注样式的文字外观、文字位置和文字对齐方式进行设置。

图 10-10　"文字"选项卡

① 设置文字外观：在"文字外观"选项区域，可以设置尺寸文字的样式、颜色、高度、分数高度比例，以及是否绘制文字的边框等。其中用户可以在"文字样式"下拉列表中选择当前图形中的文字样式，如图 10-11 所示，或单击其右侧的按钮，弹出"文字样式"对话框，从中创建或编辑文字样式。

图 10-11　设置文字外观

② 设置文字位置：在"文字位置"选项区域，可以设置尺寸文字的垂直、水平位置及从尺寸线的偏移量，如图 10-12 所示。

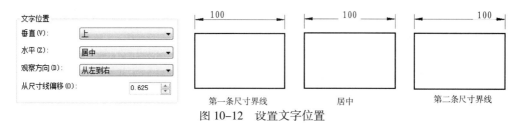

图 10-12 设置文字位置

③ 设置文字对齐：在"文字对齐"选项区域，选择尺寸文字的对齐方式。选择"水平"单选按钮，系统将沿水平线设置尺寸的标注文字；选择"与尺寸线对齐"单选按钮，系统将沿尺寸线设置尺寸的标注文字；选择"ISO 标准"单选按钮，系统将按 ISO 标准设置尺寸的标注文字，如图 10-13 所示。

提示：关于尺寸标注文字位置和对齐方式，请同时参考实训一的相关内容。

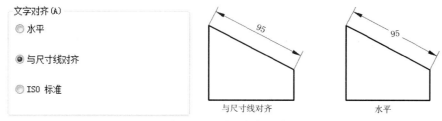

图 10-13 设置文字对齐

（6）标注文字和箭头的设置

选择"修改标注样式"对话框的"调整"选项卡，如图 10-14 所示。在"调整"选项卡中，可以对标注文字和箭头相关项目进行调整设置。

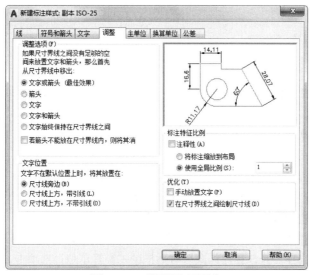

图 10-14 "调整"选项卡

① 调整标注文字和箭头的放置位置：通常 AutoCAD 将尺寸文字和箭头放置于尺寸界线之间，然而当尺寸界线之间没有足够空间时，为了表达清楚视图，需要将尺寸文字或箭头移到其他位置。在"调整"选项卡的"调整选项"选项组中，如图 10-15 所示，可以设置在尺寸界线之间没有足够空间时标注文字和箭头的放置位置。

调整选项(F) 如果尺寸界线之间没有足够的空 间来放置文字和箭头，那么首先 从尺寸界线中移出： ◉ 文字或箭头（最佳效果） ◎ 箭头 ◎ 文字 ◎ 文字和箭头 ◎ 文字始终保持在尺寸界线之间 ☐ 若箭头不能放在尺寸界线内，则将其消	"文字或箭头（取最佳效果）"：系统根据尺寸界线之间的空间大小自动确定文字或箭头的最佳位置。 "箭头"：如果尺寸界线之间没有足够空间，首先移出箭头。 "文字"：如果尺寸界线之间没有足够空间，首先移出文字。 "文字和箭头"：如果尺寸界线之间没有足够空间，同时移出文字和箭头。 "文字始终保持在尺寸界线之间"：如果尺寸界线之间没有足够空间，系统总是将文字放置于尺寸界线之间。 "若不能放在尺寸界线内，则消除箭头"：如果尺寸界线之间没有足够空间，系统将不绘制尺寸标注的箭头。

图 10-15 调整文字和箭头的放置位置

② 设置文字位置：在"调整"选项卡的"文字位置"选项组中，可以设置当标注文字不在其默认位置时的放置位置，如图 10-16 所示。

（7）主标注单位格式的设置

选择"新建标注样式"对话框的"主单位"选项卡，如图 10-17 所示。在"主单位"选项卡中，可以设置尺寸标注的单位、格式、精度等。

文字位置
文字不在默认位置上时，将其放置在：
◉ 尺寸线旁边(B)
◎ 尺寸线上方，带引线(L)
◎ 尺寸线上方，不带引线(O)

图 10-16 调整文字位置　　　　　图 10-17 调整主标注单位格式

① 设置线性标注时的单位：在"主单位"选项卡的"线性标注"选项区中，可以设置线性标注时的单位格式、尺寸精度、分数格式、小数分隔符号、舍入规则、标注文字的前后缀、测量单位比例及是否消零等。

② 设置角度标注时的单位：在"主单位"选项卡的"角度标注"选项区域，可以设置角度标注的单位格式、尺寸精度及是否消零等。

（8）换算单位的设置

AutoCAD 提供了在标注尺寸时同时提供不同单位的标注方式，可以同时适合使用公制和英制的用户。选择"修改标注样式"对话框的"换算单位"选项卡，在"换算单位"选项卡中可以进行换算单位的各项设置。

① 显示换算单位：选择"显示换算单位"复选框，AutoCAD 将启动换算单位功能，即只有选择该复选框，其他各项设置才有效。此时尺寸标注中将显示两种单位制的尺寸数字，其中括号内显示的是换算单位后的尺寸数字。

② 设置换算单位：在"换算单位"选项组中，可以设置换算单位的格式、精度、单

位换算的系数、舍入精度及前后缀等。例如，默认设置下，主单位为公制的毫米，换算单位为英制，则其间的换算单位倍数应该是 1:25.4，即 0.03937007874016。

③ 消零：在"消零"选项组中，可以设置换算单位的前面和后面是否显示 0 字符。

④ 设置换算单位的位置：在"位置"选项组中，可以设置换算单位的具体位置，其中"主值后"选项表示换算单位后的尺寸数字显示于主单位尺寸数字之后；"主值下"选项表示换算单位后的尺寸数字位于主单位尺寸数字的下面。

（9）尺寸公差的设置

选择"修改标注样式"对话框的"公差"选项卡。在"公差"选项卡中，可以设置尺寸标注中的公差。

在"公差格式"选项区中，可以设置尺寸标注的公差格式，例如方式、精度、上下偏差、高度比例和垂直位置等，可在"方式"下拉列表框中选择公差的显示方式。

2. 创建尺寸标注

下面讲解在 AutoCAD 中创建各种类型的尺寸标注。通常可以将尺寸标注分为线性尺寸标注、角度尺寸标注、直径尺寸标注、半径尺寸标注，以及坐标尺寸标注等。对应这些标注，AutoCAD 提供了丰富的标注命令，如图 10-18 所示，用户可以通过菜单栏或功能面板调用这些标注命令，也可以通过在命令行输入命令进行标注。例如选择"线性标注"命令，方法如下：

① 使用菜单栏：选择"标注"→"线性"命令。

② 使用功能面板：在"注释"功能面板上单击"线性"按钮 。

③ 使用命令行调用命令：在命令行输入"Dimlinear"命令。

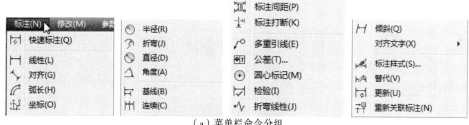

（a）菜单栏命令分组

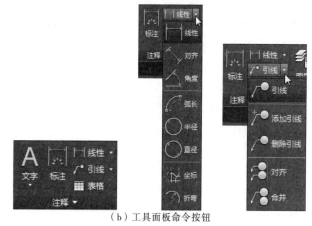

（b）工具面板命令按钮

图 10-18 尺寸标注命令

（1）创建线性尺寸标注

线性尺寸标注可以标注各个图形对象，它是指在两点之间的一组标注，这两点可以是端点、交点、圆弧线端点或者能识别的任意两点。其中线性尺寸标注又可以分为水平线性尺寸标注、垂直线性尺寸标注和对齐线性尺寸标注等。

① 水平线性尺寸标注：水平线性尺寸标注比较简单，可以直接选择图形对象，也可以指定图形对象的两个端点，然后根据命令提示进行标注即可，如图 10-19 所示。

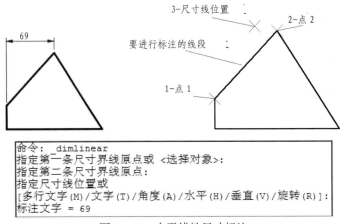

```
命令: dimlinear
指定第一条尺寸界线原点或 <选择对象>:
指定第二条尺寸界线原点:
指定尺寸线位置或
[多行文字(M)/文字(T)/角度(A)/水平(H)/垂直(V)/旋转(R)]:
标注文字 = 69
```

图 10-19　水平线性尺寸标注

② 垂直线性尺寸标注：在进行垂直线性尺寸标注时，可以指定图形对象的两个端点，也可以直接选择图形对象，其具体标注方法与水平线性尺寸标注相同。标注过程如图 10-20 所示。

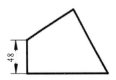

```
命令: dimlinear
指定第一条尺寸界线原点或 <选择对象>:
指定第二条尺寸界线原点:
指定尺寸线位置或
[多行文字(M)/文字(T)/角度(A)/水平(H)/垂直(V)/旋转(R)]:
标注文字 = 48
```

图 10-20　垂直线性尺寸标注

提示：线性标注的尺寸线在默认情况下只能是水平或竖直的，平行于坐标系的坐标轴，最终的标注是水平的还是竖直的取决于光标所确定的标注线位置。

③ 对齐线性尺寸标注：在绘图过程中，常常需要标注某一条倾斜对象的实际长度，而不是某一方向上线段两端点的坐标差值。此时可以采用对齐线性尺寸标注，这样标注出来的尺寸线与斜线、斜面相互平行。在进行对齐线性尺寸标注时，可以指定图形对象的两个端点，也可以直接选择图形对象。标注过程如图 10-21 所示。

```
命令: dimaligned
指定第一条尺寸界线原点或 <选择对象>:
指定第二条尺寸界线原点:
指定尺寸线位置或
[多行文字(M)/文字(T)/角度(A)]:
标注文字 = 81
```

图 10-21　对齐线性尺寸标注

（2）角度尺寸标注

工程图中常常需要标注 2 条直线或 3 个点（顶点及两端点）之间的夹角，此时可以采用角度尺寸标注。角度尺寸标注可以归纳为 2 条直线间的角度标注、3 点之间的角度标注、圆弧角度标注及圆角度标注，如图 10-22 所示。

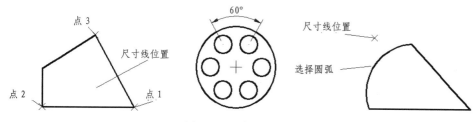

图 10-22　角度尺寸标注

① 直线间的角度标注：选择"角度标注"命令后，根据命令行提示，选择第一条直线和第二条直线，确定标注线位置即可；或者通过指定 3 点，对 3 点之间的夹角进行角度尺寸标注，如图 10-23 所示。需要注意的是，光标所确定的尺寸线位置不同，角度标注结果也会有所不同（互补角）。

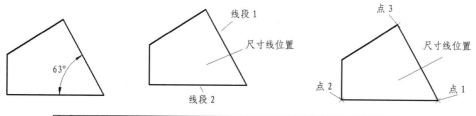

```
命令：dimangular
选择圆弧、圆、直线或 <指定顶点>：
选择第二条直线：
指定标注弧线位置或 [多行文字(M)/文字(T)/角度(A)/象限点(Q)]：
标注文字 = 63
```

```
命令：dimangular
选择圆弧、圆、直线或 <指定顶点>：
指定角的顶点：
指定角的第一个端点：
指定角的第二个端点：
指定标注弧线位置或 [多行文字(M)/文字(T)/角度(A)/象限点(Q)]：
标注文字 = 63
```

图 10-23　两条直线间的角度标注

② 圆弧角度标注：在执行"角度标注"命令时，如果选择的图形对象是圆弧，则执行圆弧角度标注操作，如图 10-24 所示。

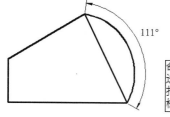

```
命令：dimangular
选择圆弧、圆、直线或 <指定顶点>：
指定标注弧线位置或 [多行文字(M)/文字(T)/角度(A)/象限点(Q)]：
标注文字 = 111
```

图 10-24　圆弧角度标注

（3）创建直径和半径尺寸标注

对圆和圆弧所进行的径向尺寸标注是制图过程中另一种常见的标注类型，在工程制图中常用于轴、盘类对象的尺寸标注，包括直径尺寸标注和半径尺寸标注两种形式。

① 直径尺寸标注：在菜单栏或功能面板上选择"直径标注"命令，根据命令行提示，选择标注对象，指定标注线位置，即可完成直径标注，如图 10-25 所示。指定标注线位置时，可以根据需要，放置在圆内或圆外；直径标注还可以修改文字内容、文字的角度或者插入多行文字。

② 半径尺寸标注：在菜单栏或工具栏上选择"半径标注"命令，与直径标注类似，半径标注的尺寸线也可以放在圆弧内或圆弧外。

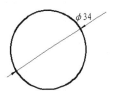

```
命令：dimdiameter
选择圆弧或圆：
标注文字 = 34
指定尺寸线位置或 [多行文字(M)/文字(T)/角度(A)]：
```

图 10-25　直径标注

3. 标注多个对象

当需要标注多个对象时，可以使用系统提供的基线尺寸标注或连续尺寸标注。这两个尺寸标注可以使用户方便快捷地标注一系列连续尺寸。

（1）基线尺寸标注

在制图时，经常需要以某一条线或某一个面作为基准，测量其他直线或者平面到该基准的距离，这就是基线标注，即基线尺寸标注用于标注一组起始点相同的相关尺寸，按照大尺寸放在外面的原则，使用"基线标注"命令时，应该由小到大地指定标注关联点，如图 10-26 所示。

① 在"注释"功能面板"标注"选项卡中选择"基线"命令。

② 根据命令行和屏幕提示信息，依次选择标注关联点，指定下一条尺寸界线，完成基线标注。

③ 如果在指定下一条尺寸线之前，先按【Enter】键，则系统提示用户指定新的标注基准，指定新基准后，再依次指定下一条尺寸界线，完成基线标注。

④ 完成基线标注后，按【Esc】键退出。

（2）连续尺寸标注

连续尺寸标注中的尺寸是首尾相连的（除第一个尺寸和最后一个尺寸外），其前一尺寸的第二尺寸界线就是后一尺寸的第一尺寸界线。其具体操作过程与基线尺寸标注相似，如图 10-27 所示。

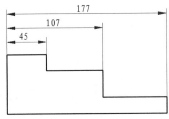

图 10-26　基线尺寸标注

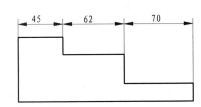

图 10-27　连续尺寸标注

（3）弧长尺寸标注

弧长标注常用于测量圆弧或多段线弧线段上的距离，例如通过弧长标注测量围绕凸轮的距离或表示电缆的长度。为区别是线性标注还是角度标注，默认情况下，弧长标注将显示一个圆弧符号。

圆弧符号（也称"帽子"或"盖子"）显示在标注文字上方或前方。弧长标注的尺寸界线可以正交或径向，如图 10-28 所示。

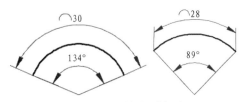

图 10-28　弧长尺寸标注

提示：仅当圆弧的包含角度小于 90° 时，才显示正交尺寸界线。

4. 编辑尺寸标注

完成尺寸标注的创建后，可以对其进行编辑。AutoCAD 提供了多种编辑尺寸标注的方法，各种方法的便捷程度不同，适用的范围也不相同，应根据实际需要选择适当的编辑方法。

（1）修改尺寸标注的数字

双击"数字"，激活"文字编辑器"选项卡，选中数字进行修改，也可以调出"特性"选项板，在"文字"卷展栏下的"文字替代"文本框中输入新的数字完成修改，如图 10-29 所示。

在"特性"选项板中，还可以对尺寸标注的基本特性进行修改，如修改图层、颜色和线型等特性，还能改变尺寸标注所使用的标注样式，修改标注样式的 6 类特性，包括直线和箭头、文字、调整、主单位，以及换算单位和公差。

图 10-29　利用"特性"选项板修改尺寸标注

（2）改变尺寸界线及文字的倾斜角度

在 AutoCAD"注释"选项卡中选择"标注"→"倾斜"命令，可以对尺寸界线及文字的倾斜角度进行修改。

（3）利用夹点编辑调整标注位置

夹点是 AutoCAD 提供的一种高效的编辑工具，可以对大多数图形对象进行编辑。选择标注对象之后，利用图形对象所显示的夹点，可以拖动尺寸标注对象上任意一个夹点的位置，修改尺寸界线的引出点位置、文字位置及尺寸线的位置。

夹点编辑主要用来对尺寸标注进行拉伸操作，包括两种情况：移动标注文字和拖动标注对象。选择一个标注后，会显示出夹点，单击并拖动任何一个夹点，都可以改变标注线或标注文字的位置。

（4）修改尺寸标注的注释对象

在不同的视图中，圆会表现出不同的外观形状，例如在绘制轴的视图时，此时对轴径进行标注，直接得到的是线性长度，没有直径符号，这就需要对标注中的注释对象进行修改。

① 调用命令：在需要修改的尺寸上双击鼠标，激活"文字编辑器"选项卡。

② 修改注释对象：单击"插入"功能面板"符号"下拉三角，在原标注内容前插入直径符号（%%C），即可将原线性长度标注改为直径标注。

5. 创建引线和注释

引线标注在工程制图中也是一种常用的标注类型，引线是连接注释和图形对象的直线或曲线，引线标注由引线和文字两部分标注对象组成；引线对象是一条线或样条曲线，一端带有箭头，另一端带有多行文字对象或块。在某些情况下，有一条短水平线（又称为基线）将文字或块和特征控制框连接到引线上。说明文字是最普通的文本注释，可以从图形中的任意点或部件创建引线并在绘制时控制其外观。

（1）创建引线和注释

① 在"注释"功能面板选择"引线"命令。

② 根据命令行提示确定引线和基线的位置并输入注释内容，如图 10-30 所示。

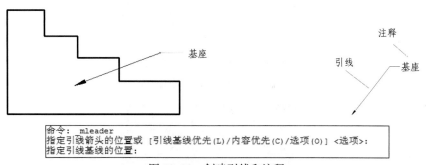

图 10-30　创建引线和注释

（2）修改引线和注释

完成引线和注释的创建后，可以对其进行修改。AutoCAD 默认将引线与注释分为两个模块，即分别修改引线与注释。

① 修改引线：选择引线后右击，在弹出的菜单中选择"特性"命令，在弹出"特性"

选项板中，对引线的类型、颜色、线型、线宽及箭头大小等参数进行修改。

② 修改注释：双击注释文字，激活"文字编辑器"选项卡，在多行文字编辑器中对注释文字的字体、字号和对齐方式等参数进行修改。

6. 创建圆心标记

对圆或圆弧进行尺寸标注时，通常需要标注出圆或圆弧的圆心。在 AutoCAD 中创建圆心标注符号的操作过程较为简单，方法如下：

① 在"注释"功能面板"中心线"选项卡中调用"圆心标记"命令。

② 根据命令行提示，选择待标记的圆或圆弧，即可完成标记操作。

③ 圆心标记符号的大小由尺寸标注系统变量 DIMCEN 的值来控制，效果如图 10-31 所示。在命令行中输入 Dimcen 命令，按【Enter】键，即可修改 DIMCEN 变量值。

图 10-31　创建圆心标记

7. 创建坐标尺寸标注

坐标尺寸标注，顾名思义，是指标注指定点的坐标值，如图 10-32 所示。创建坐标尺寸标注的操作过程如下：

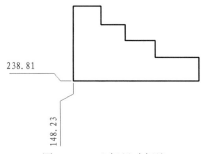

图 10-32　坐标尺寸标注

① 选择"标注"→"坐标"命令，或单击"注释"功能面板上的"坐标"按钮 。

② 在"指定点坐标："提示下，选择要标注坐标值的点。

③ 在"指定引线端点或[X 基准(X)/Y 基准(Y)/多行文字(M)/文字(T)/角度(A)]:"提示下，直接拖动鼠标并单击，即可确定引线的位置。也可以输入指定的字母来进行某项操作，然后再指定引线的位置。

提示：若引线靠近水平位置放置时，则标注指定点的 *Y* 轴坐标；若引线靠近垂直位置放置时，则标注指定点的 *X* 轴坐标。

8. 清晰安排尺寸的一些原则

为了便于读图，在进行尺寸标注时，要注意尺寸在图形中的排列与布置。下面介绍清晰安排尺寸的一些原则（请结合实训八中三视图相关内容学习）。

① 反映特征：各形体的定形尺寸和反映各形体间相对位置的定位尺寸应尽量标注在

反映其形状特征和位置关系的视图上。图 10-33 中 V 形槽的定形尺寸，应标注在反映其形状特征的主视图上；图 10-34 中所示的孔中心距 20 应标注在主视图上。

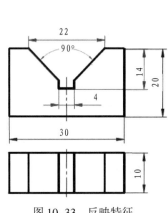

图 10-33　反映特征

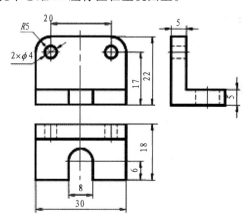

图 10-34　集中标注

② 集中标注：同一形体的定形尺寸和定位尺寸，应尽可能标注在同一视图上。如图 10-34 所示，背板上两个 $\phi4$ 孔的定形尺寸 $2 \times \phi4$，及其定位尺寸 20、17 集中在主视图上；底板上的小槽的尺寸 8、6 集中标注在俯视图上。图 10-35 中将内形尺寸相对集中标注在一侧，外形尺寸相对集中标注在另一侧，避免混杂。

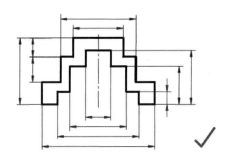

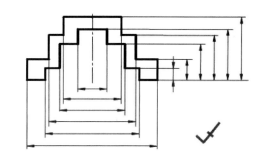

图 10-35　内、外分别集中

③ 排列整齐：尺寸排列要清晰，平行的尺寸应当按照"大尺寸在外，小尺寸在内"的原则排列，避免尺寸线与尺寸界线交叉。图 10-36 左侧图形所示的尺寸布置正确，图 10-36 右侧图形所示的尺寸布置造成了尺寸线与尺寸界线交叉，不正确。

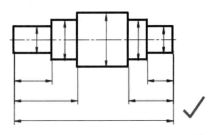

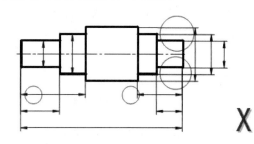

图 10-36　排列整齐

④ 直径注法：同轴回转体的直径尽量标注在非圆形的视图上，即避免在同心圆较多的视图上标注过多的直径尺寸。图 10-37 左图所示的直径尺寸多数标注在了非圆形的视图

上，较好；图 10-37 右图所示的直径尺寸都标注在了圆形视图上，不好。

⑤ 虚线不注：除不得已的情况下，一般不应在虚线上标注尺寸。

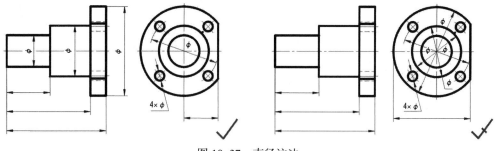

图 10-37　直径注法

绘图分析与画法

1. 例题 1

本例为按形体分析标注尺寸。在实训八中已对组合体进行了形体分析，即将其分解成几个简单的形体。在进行尺寸标注时，要逐个标注形体的定形、定位尺寸。现在以实训八例题 1 绘制的轴承底座为例，说明按形体标注的步骤。

① 形体分析：将轴承座分解成底板、轴套、肋板和支承板 4 个形体。

② 选择尺寸基准：选择支承板右侧的大平面、轴承座前后对称平面、底面分别为长、宽、高三个方向上的主要尺寸基准，选择合理，如图 10-38（a）所示。

③ 标注各形体的定形尺寸：底板作为一个整体，其定形尺寸共计 8 个；轴套的定形尺寸 3 个，如图 10-38（b）所示；支承板独立的定形尺寸只有 1 个板厚，如图 10-38（c）所示，其余的依赖于底板和轴套，以及轴套相对于底板的高度；肋板独立的定形尺寸有 3 个，如图 10-38（c）所示，其余的依赖于底板和支承板，以及轴套相对于底板的高度。图 10-38（d）给出了轴承座的全部定形尺寸。

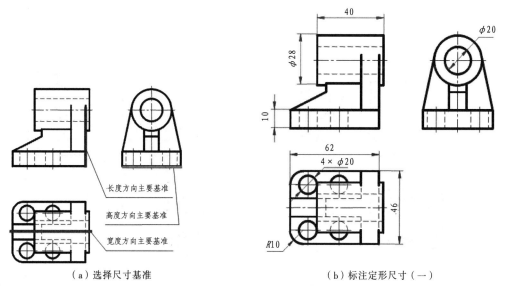

（a）选择尺寸基准　　　　　　（b）标注定形尺寸（一）

图 10-38　按形体标注定形尺寸

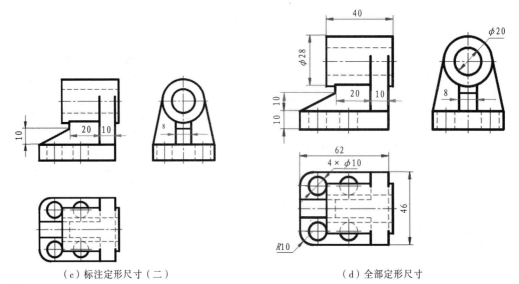

（c）标注定形尺寸（二）　　　　　　　　　　（d）全部定形尺寸

图 10-38　按形体标注定形尺寸（续）

提示： 需要注意的是，相同的孔要标注数量，如 $4 \times \phi 10$，但相同的圆角，如 $R10$ 不注数量。

④ 标注各形体间定位尺寸：在确定底板、轴套、支承板和肋板之间的相对位置时，只需标注确定轴套相对于基准位置的长度尺寸和高度尺寸，如图 10-39（a）所示，其余形体相对于基准的位置都不需要额外确定尺寸。

组合体所需的尺寸总数是所有的定形尺寸与定位尺寸之和。若将轴承座分解成底板、轴套、支承板和肋板 4 个部分，则各部分的定形尺寸数量之和为 15，而确定其相对位置的定位尺寸的数量为 2，则轴承座所需的全部尺寸为 17 个。

⑤ 标注总体尺寸：总宽尺寸 46 就是底板的定形尺寸，不需要额外标注；因顶部端面为圆弧面，总高尺寸不标注。由于制作组合体时直接运用尺寸 62 和 5，两尺寸相加即确定了总体尺寸，故也未标注总长尺寸。图 10-39（b）所示是轴承座完整的尺寸标注情况。

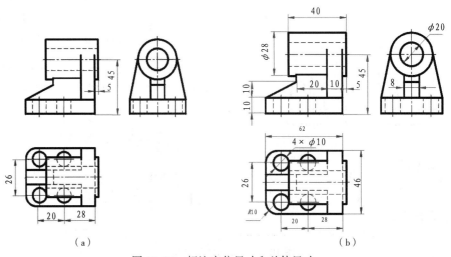

（a）　　　　　　　　　　　　　（b）

图 10-39　标注定位尺寸和总体尺寸

提示：掌握这种分析方法可以方便地计算尺寸数目及检查尺寸是否标注完整。

2. 例题 2

本例为按切割过程标注尺寸。对于以切割为主形成的组合体，一般不做形体分析，而直接按其切割过程标注尺寸。下面以实训八的例题 2 为例，说明用这一方法标注尺寸的步骤。

图 8-21 所示的组合体可以看作是由一个长方体切割而成，标注其尺寸时可以先从长方体开始。

① 标注长方体的尺寸（长、宽、高 3 个尺寸），如图 10-40（a）所示。

② 标注切去左、右两个角的尺寸（需要 4 个尺寸），如图 10-40（b）所示。

③ 标注切去后部槽的尺寸（需要 3 个尺寸），如图 10-40（c）所示。

④ 标注切去前部左侧与下方的尺寸（需要 3 个尺寸），如图 10-40（d）所示。

⑤ 标注中间孔的尺寸（需要 3 个尺寸），如图 10-40（e）所示。

⑥ 调整尺寸位置，完成尺寸标注（总计 16 个尺寸），如图 10-40（f）所示。

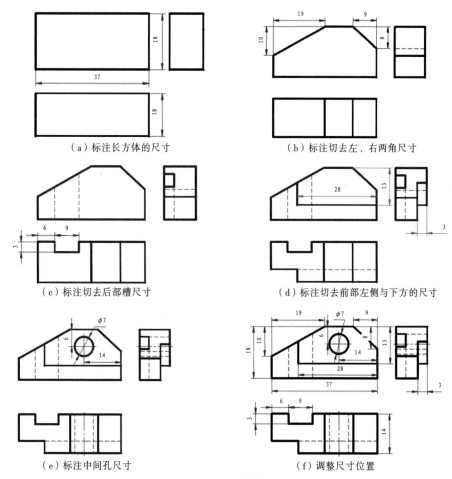

（a）标注长方体的尺寸 　　（b）标注切去左、右两角尺寸

（c）标注切去后部槽尺寸 　　（d）标注切去前部左侧与下方的尺寸

（e）标注中间孔尺寸 　　（f）调整尺寸位置

图 10-40　轴承座模型三视图

用这种方法也可以准确地计算尺寸数目及检查尺寸是否标注完整。

3. 例题 3

绘制图 10-41 所示图形并按图例进行尺寸标注。

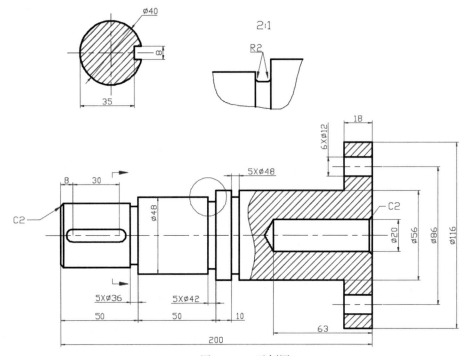

图 10-41　示例图

（1）设置绘图环境

① 创建图层：创建以下图层。

序　号	图层名称	颜　色	线　型	线　宽
1	轮廓线层	白色	Continuous	0.50
2	中心线层	蓝色	CENTER	0.25
3	剖面线层	红色	Continuous	0.25
4	标注层	红色	Continuous	0.25

② 设置捕捉及追踪功能：开启"极轴追踪"、"对象捕捉"及"捕捉追踪"功能。设置极轴追踪"增量角"为"30"，设定对象捕捉方式为"端点"和"交点"，设置沿所有极轴角进行捕捉追踪。

③ 绘制基准线：切换到"轮廓线"层。绘制轴线 *A*、左端面线 *B* 及右端面线 *C*。这些线条是绘图的主要基准线，如图 10-42 所示。

提示：有时也用 Xline 命令绘制轴线及零件的左、右端面线，这些线条构成了主视图的布局线。

（2）绘制图形

① 绘制轴类零件左边第一段：用 Offset 命令向右偏移直线 *B*，向上、向下偏移直线 *A*，如图 10-43 所示。修剪多余线条，结果如图 10-44 所示。

提示：当绘制图形局部细节时，为方便作图，可用矩形窗口把局部区域放大，绘制完成后，再返回前一次的显示状态以观察图样全局。

图 10-42 绘制基准线

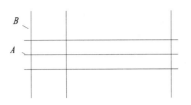

图 10-43 绘制轴类零件左边第一段

② 用 Offset 和 Trim 命令绘制轴的其余各段，如图 10-45 所示。继续使用 Offset 和 Trim 命令绘制退刀槽和卡环槽，如图 10-46 所示。

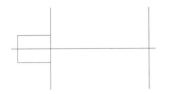

图 10-44 修剪多余线条

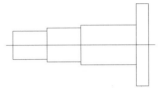

图 10-45 绘制轴的其余各段

③ 用 Line、Circle 和 Trim 命令绘制键槽，如图 10-47 所示。

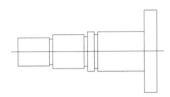

图 10-46 绘制退刀槽和卡环槽

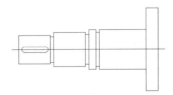

图 10-47 绘制键槽

④ 用 Line、Mirror、Offset、Trim 及 Break 等命令画孔，如图 10-48 和图 10-49 所示。

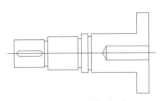

图 10-48 画孔（1）

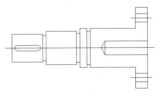

图 10-49 画孔（2）

⑤ 绘制直线 D、E 及圆 F，如图 10-50 所示。用 Offset、Trim 命令绘制键槽剖面图，如图 10-51 所示。

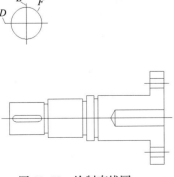

图 10-50 绘制直线圆

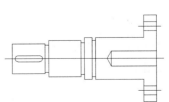

图 10-51 绘制键槽剖面图

⑥ 复制 *G*、*H* 等直线，如图 10-52 所示。用 Spline 命令绘制断裂线，再绘制过渡圆角 *I*，然后用 Scale 命令放大图形 *J*，如图 10-53 所示。

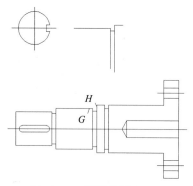

图 10-52　复制直线

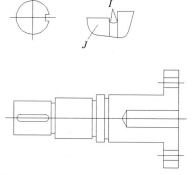

图 10-53　绘制过渡圆角，并放大

⑦ 绘制断裂线 *K*，再倒斜角，效果如图 10-54 所示。然后绘制剖面图案，效果如图 10-55 所示。

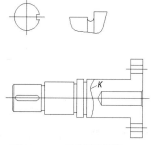

图 10-54　绘制断裂线

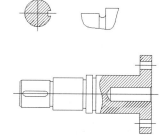

图 10-55　绘制剖面图案

⑧ 调整对象图层：将轴线、圆的定位线等修改到"中心线"图层，将剖面图案修改到"剖面线"图层，如图 10-56 所示。

（3）标注尺寸

① 设置标注样式：尺寸文字高为 3.5，其余参数采用默认值，如图 10-57 所示。

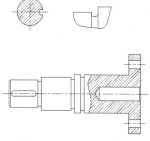

图 10-56　调整对象图层

图 10-57　设置标注样式

② 标注尺寸：选择"线性尺寸"、"直径尺寸"、"半径尺寸"和"注释"等命令标注图形，如图 10-58 所示。

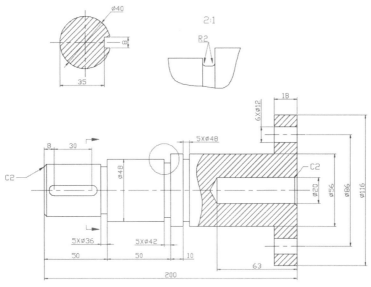

图 10-58　标注尺寸

③ 打开"特性"选项板，选择"文字"选项组的中"文字替代"选项，在其右侧的文本框中输入直径符号，修改轴径标注，如图 10-59 所示，绘图完成后单击"显示/隐藏线宽"设置为"开"。

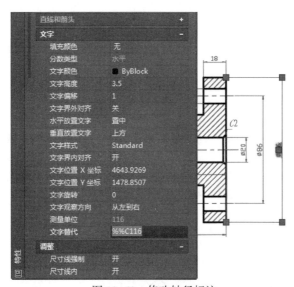

图 10-59　修改轴径标注

（4）打印出图

① 布置图纸：导入标准图框，设定缩放比例，或切换到"布局"模式，布置图纸。

② 标注说明文字，打印出图。

习　　题

1. 为什么要定义标注样式？

2. 用户能够对尺寸标注进行哪些编辑？

3. 一个完整的尺寸标注由哪些要素构成？

4. 清晰安排尺寸的原则有哪些？

5. 怎样在标注尺寸中添加直径符号？

6. 结合上机实训情况，查询 AutoCAD 联机帮助，参考下列格式，归纳整理本实训所练习的各个命令，如表 10-1 所示。

表 10-1　练习命令

命　令	调用方法	功　用	退出方法
Dimlinear	"注释"功能面板：线性 "标注"菜单："线性" 命令行：Dimlinear	对图形进行线性标注	标注操作完成后自动退出命令

7. 绘制图形并进行标注，如图 10-60 所示。

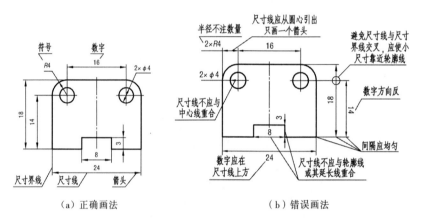

（a）正确画法　　　　　　　　（b）错误画法

图 10-60　习题 7 图

8. 完成如图 10-61 所示图形的绘制与标注工作，并回答相应问题。

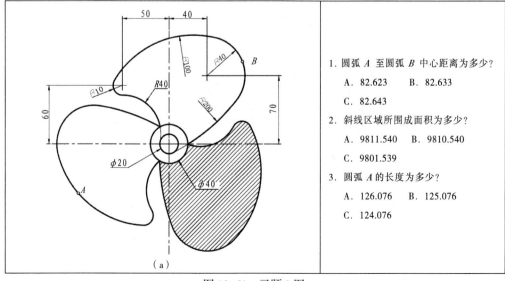

（a）

1. 圆弧 A 至圆弧 B 中心距离为多少？

　A. 82.623　　B. 82.633

　C. 82.643

2. 斜线区域所围成面积为多少？

　A. 9811.540　　B. 9810.540

　C. 9801.539

3. 圆弧 A 的长度为多少？

　A. 126.076　　B. 125.076

　C. 124.076

图 10-61　习题 8 图

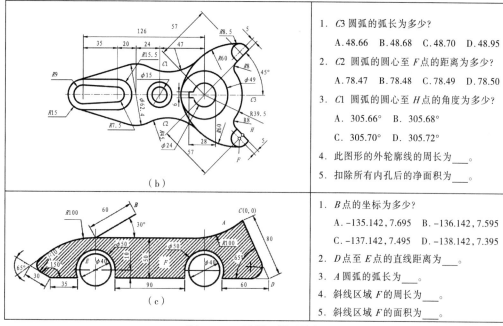

1. C3 圆弧的弧长为多少？

   A.48.66　B.48.68　C.48.70　D.48.95

2. C2 圆弧的圆心至 F 点的距离为多少？

   A.78.47　B.78.48　C.78.49　D.78.50

3. C1 圆弧的圆心至 H 点的角度为多少？

   A. 305.66°　B. 305.68°

   C. 305.70°　D. 305.72°

4. 此图形的外轮廓线的周长为____。

5. 扣除所有内孔后的净面积为____。

（b）

1. B 点的坐标为多少？

   A. −135.142,7.695　B. −136.142,7.595

   C. −137.142,7.495　D. −138.142,7.395

2. D 点至 E 点的直线距离为____。

3. A 圆弧的弧长为____。

4. 斜线区域 F 的周长为____。

5. 斜线区域 F 的面积为____。

（c）

图 10-61　习题 8 图（续）

9. 根据说明及例图，绘制跳远、三级跳远沙坑大样图，如图 10-62 所示。

经过实地观察测量（有条件的话，还应该查阅相关资料）可知，跳远设施包括助跑道、一块起跳板和一个落地区，如图 10-62 所示。设施构成及尺寸如下：

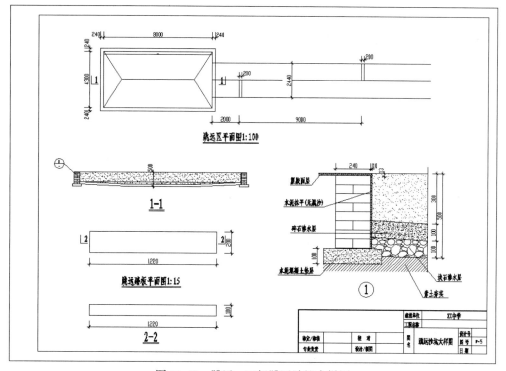

图 10-62　跳远、三级跳远沙坑大样图

（1）助跑道

① 跳远、三级跳远助跑道长度，即起跑点至跳板距离应大于 40m。

② 助跑道以约 0.05m 宽白实线标出，或以长约 0.5m、间距约 0.10m 的分割线标出。

③ 跳远起跳板距沙坑近端尺寸：Ⅰ类场地约 3m，Ⅱ类场地应大于 1m。

④ 三级跳远起跳板距沙坑尺寸：女子约为 11m，男子约为 13m。

（2）起跳板

① 起跳板通常是松木，漆成白色，表面与助跑道表面平齐。

② 起跳板可以是活动的，可以考虑其中一面粘接塑胶面层。

③ 起跳板长为助跑道宽，宽应为 0.2m±0.02m，厚应为 0.1m±0.01m。

（3）沙坑

① 单助跑道沙坑中心线应与助跑道中心线一致。Ⅰ类场地长约 9m，宽 3m；Ⅱ类场地长度大于 7m，宽度大于 2.75m。

② 沙坑应有渗透水的下部结构和一个适宜的排水系统。

③ 沙坑四周应安装木板或覆盖保护软物的边沿，宽度应大于 0.05m，高约 0.2m，边沿朝内呈圆形，与地面齐平。

④ 沙子粒径宜在 0.2~2mm 之间，不含有机成分的洁净河沙或纯石英沙，小于 0.20mm 颗粒的重量不超过 5%。

⑤ 竞赛时，沙子高度保持在落地区边沿的顶沿，与助跑道表面齐平。

⑥ 边沿部位沙子深度应大于 0.2m，沙坑中心线沙子深度应大于 0.3m。

（4）跳远设施无障碍区

① 落地区（沙坑）两侧无障碍距离，相邻沙坑间距应大于 0.3m。

② 落地区（沙坑）远端障碍距离应大于 3m。

③ 助跑道两侧无障碍距离应大于 1.8m。

实训十一 图块、属性和外部参照

实训内容

掌握图块的生成、插入和重编辑，学习图块属性的生成、编辑和插入到图形中的方法，学习如何附着、使用和在位编辑外部参照。

实训要点

使用图块和外部参照是实现高效率绘图的重要手段。

图块、属性和外部参照是 AutoCAD 对图形中对象进行管理的高级模式。使用图块可以提高绘图的速度和准确性，并能够减小文件尺寸；属性是附加在图块上的文本说明，用于表示图块的非图形信息；外部参照则是指一幅图形对另一幅图形的引用，此时主图中仅存储了到外部参照图形文件的路径，因此，作为外部参照的图形文件被修改后，所有引用该图形文件的图形文件将自动更新。

知识准备

在工程制图中，经常会遇到一些需要反复使用的图形，如螺栓、螺母和建筑用标高等，这些图例在 AutoCAD 中都可以由用户定义为图块，即以一个缩放图形文件的方式保存起来，以达到重复利用的目的。

在 AutoCAD 中，可以使块附带属性。属性类似于商品的标签，包含图块不能表达的一些文字信息，如材料、型号及制造者等，存储在属性中的信息一般称为属性值。当用户创建图块时，将已定义的属性与图形一起生成块，这样块中即可包含属性。

当用户将其他图形以块的形式插入到当前图样中时，被插入的图形就成为当前图样的一部分。若用户只想把另一个图形作为当前图形的一个样例，或者想观察一下正在绘制的图形与其他图形是否匹配，这时可以通过"外部参照"将其他图形文件放置到当前图形中。

与插入图块方式相比，"外部参照"提供了另一种更为灵活的图形引用方法。使用外部参照可以将多个图形链接到当前图形中，使用户方便地在自己的图形中以引用的方式看到其他图样，并且作为外部参照的图形会随原图形的修改而更新。外部参照引用的图并不成为当前图样的一部分，当前图形中仅记录外部引用文件的位置和名称。因此，外部参照不会明显地增加当前图形文件的大小，从而可以节省磁盘空间，也有利于保持系统的性能。

当一个图形文件作为外部参照插入到当前图形中时，外部参照中每个图形的数据仍然分别保存在各自的源图形文件中，当前图形中所保存的只是外部参照的名称和路径。无论一个外部参照文件多么复杂，都会把它作为一个单一对象来处理，而不允许进行分解。用户可对外部参照进行比例缩放、移动、复制、镜像或旋转等操作，还可以控制外部参照的显示状态，但这些操作都不会影响到源文件。

1. AutoCAD 2018 创建或编辑块命令界面

AutoCAD 2018 提供了强大的图块编辑功能，可通过下面操作调用相关命令。

（1）在"默认"选项卡"块"功能面板中调用命令，如图 11-1（a）所示。

（2）在"插入"选项卡"块"和"块定义"工具面板中调用命令，如图 11-1（b）所示。

（3）使用"块编辑器"选项卡编辑图块，如图 11-1（d）所示。

（a）"默认"选项卡工具面板

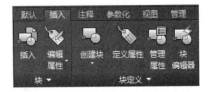

（b）"插入"选项卡工具面板

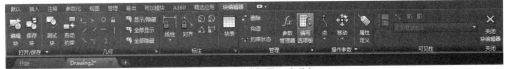

（c）"块编辑器"选项卡

图 11-1　创建或编辑块命令界面

2. 定义图块

图块是一个或多个对象形成的对象集合，可以把这个对象集合看成是一个单一的对象，在图形中的不同位置多次插入，如机械装配图中的螺母、螺栓、电子线路图中的电容和电阻等。尽管在一个块中，各图形对象均有各自的图层、线型和颜色等特征，但 AutoCAD 总是把块作为一个单独的、完整的对象来操作。用户可以根据实际需要将图块按给定的缩放系数和旋转角度插入到指定的任意位置，也可以对整个图块进行复制、移动、旋转、比例缩放、镜像、删除和阵列等操作，还可以用分解命令将图块分解，对各元素单独进行编辑。

在使用图块之前，必须定义图块。定义图块时，用户应指定块名、块中对象和块插入点。插入点是块的基点，在将块插入到图形时，作为安装的参照基点。定义块前，首先要绘制组成图块的实体。

图块按其存放的位置不同，可分为内部块和外部块两种。其中，内部块存放在当前文件中，外部块存放在磁盘上。可以使用以下两种不同的方法生成图块。

（1）定义内部图块

① 调用定义内部图块命令：单击功能面板上的"创建块"按钮，或选择"绘图"→"块"→"创建（M）"命令，或在命令行中输入"Block"命令。弹出"块定义"对话框，如图 11-2 所示。

（a）调用创建块命令　　　　　　　　　　　（b）"块定义"对话框

图 11-2　创建内部图块（1）

②　在"基点"选项区域，单击"拾取点"按钮，返回绘图区，通过捕捉图形的特征点定义图块基点，如图 11-3（a）所示。

③　在"对象"选项区域，单击"选择对象"按钮，返回绘图区，选择要定义为图块的图形，如图 11-3（b）所示。

（a）定义图块基点　　　　　　　　　　　（b）选取图块图形对象

图 11-3　创建内部图块（2）

④　在"名称"文本框中输入图块名称，单击"确定"按钮，完成内部图块的定义操作。

提示：在"对象"选项区域，有 3 个单选按钮。选择"保留"单选按钮（默认选项），表明所选取的对象在生成图块后仍以原来的独立形式保留；选择"转换为块"单选按钮，表明所选取的对象生成图块后在原图中也转变成块，将具有整体性，不能再用普通命令对其组成元素进行编辑；选择"删除"单选按钮，表明完成创建图块的操作后，系统将从图形中删除选定的对象。

（2）定义外部图块

使用前面方法定义的图快，仅能应用于当前的图形中，但是在很多情况下，还需要在其他图形文件中使用这些图块，为了使图块成为公共资源，能够供其他图形文件使用，AutoCAD 提供了外部图块命令，将图块保存为独立的图形文件。

①　调用定义外部图块命令：单击"插入"选项卡"块定义"功能面板上的"写块"按钮，或在命令行中输入"Wblock"命令，弹出"写块"对话框，如图 11-4 所示。

②　在"基点"选项区域，单击"拾取点"按钮，返回绘图区，通过捕捉图形的特征点定义图块基点。

（a）调用写块命令

（b）"写块"对话框

图 11-4　创建外部图块（1）

③ 在"对象"选项区域，单击"选择对象"按钮 ⊕，返回绘图区，选择要定义为图块的图形。

④ 在"目标"选项组中的"文件名和路径"文本框中，命名图块名称并指定保存位置，单击"确定"按钮，完成定义外部图块的操作，如图 11-5 所示。

（a）定义基点和选择对象选项组　　　　　　　　（b）命名图块并指定保存位置

图 11-5　创建外部图块（2）

提示：在"写块"对话框上部的"源"选项区，有 3 个单选按钮。选择"块"单选按钮，表明从列表中选择要保存为图形文件的现有图块；选择"整个图形"单选按钮，表明将当前绘图窗口中的图形对象创建为图块；选择"对象"（默认选项）单选按钮，表明从绘图窗口中选择组成图块的图形对象。

（3）插入图块

在绘图过程中需要应用图块时，可以选择"插入块"命令，将已经创建的图块插入到当前图形中。在插入图块时，用户需要指定图块的名称、插入点、缩放比例和旋转角度等参数。

① 选择"插入"命令：单击功能面板上的"插入"按钮 📷，或选择"插入"→"块"命令，或在命令行中输入"Insert"命令，弹出"插入"对话框，如图 11-6 所示。

② 插入内部图块时，在"名称"下拉列表中，选择图块名称；如果是插入外部图块，需单击"名称"下拉列表框右侧的"浏览"按钮 浏览(B)... ，弹出"选择图形文件"对话框，如图 11-7 所示，通过该对话框，选择将要插入的外部图块。

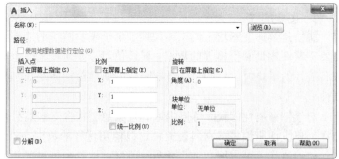

（a）调用"插入"命令　　　　（b）"插入"对话框

图 11-6　插入图块

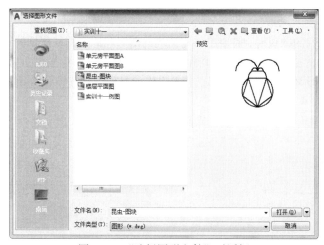

图 11-7　"选择图形文件"对话框

③ 选择插入对象后，单击"打开"按钮。"插入"对话框中的"插入点"、"比例"、"旋转"等选项，可采用默认方式。单击"确定"按钮，指定插入点，插入图块。例(S)/旋转(R)]:"。

④ 根据绘图需要，也可以在"插入"对话框以应答方式，在命令行中逐一确定插入参数，完成插入图块的操作，如图 11-8 所示。

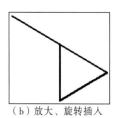

（a）原图块　　　　　　　（b）放大、旋转插入

图 11-8　插入图块

（4）分解图块

在 AutoCAD 中，还可以对插入的块进行分解，逐级退化为原来的组成对象。分解后的块保留插入时的比例系数。分解块时，只影响单个块的引用，原块定义仍然保留在图形中，此时，仍然可以继续引用块。

调用"分解"命令可通过单击"修改"功能面板上的"分解"按钮 🗗，或选择"修改"→"分解"命令，然后根据命令行提示，分解图块。

3. 图块属性

属性是附加在图块上的文本说明，用于表示图块的非图形信息。可以利用属性来跟踪类似于零件数量和价格等的数据。属性值可以是可变的，也可以是不可变的。在插入一个带有属性的图块时，AutoCAD 将把固定的属性值随图块添加到图形中，并提示输入可变的属性值。

对于带有属性的块，可以提取属性信息，并将这些信息保存到一个单独的文件中。例如在创建零件明细表或材料表时，可以使用这样的数据文件。

属性值除了可以固定或变化外，还可以设置为可见或不可见，不可见属性不显示也不能输出。但不管使用哪种方式，属性值都一直保留在图形中，并且在提取时都可以输出到文件中。

（1）创建属性

定义带有属性的图块时，需要将作为图块的图形和标记图块属性的信息都定义为图块。

要创建属性，首先必须创建描述属性特征的属性定义。特征包括标记（标识属性的名称）、插入块时显示的提示、值的信息、文字格式、位置和任何可选模式（不可见、固定、验证和预置）。

① 调用创建块属性命令：通过菜单或功能面板选择 "定义属性"命令，如图 11-9（a）所示，或在命令行中输入"Attdef"命令，弹出"属性定义"对话框，如图 11-9（b）所示。

（a）选择"定义属性"命令　　　　　　　　（b）"属性定义"对话框

图 11-9　定义图块属性（1）

② 在"属性定义"对话框的"模式"选项区域设置图块属性插入时的模式，如图 11-10（a）所示。

③ 在 "属性"选项区域设置图块属性的各项值，如图 11-10（b）所示。

④ 在"插入点"选项区域设置属性的位置，如图 11-10（c）所示。

⑤ 在"文字设置"选项区域设置图块属性文字的对正、样式、高度和旋转等文字样式，如图 11-10（d）所示。

（2）修改图块属性

在插入图块时，如果输入了错误的属性信息，可以对插入到图形中的图块的属性值进行编辑和修改。AutoCAD 提供了多种编辑属性的方法，可以编辑附着在块上的一个或多个属性值、修改单个属性的外观，或全局修改多个属性值。

|（a）"模式"选项|（b）"属性"选项|（c）"插入点"选项|（d）"文字设置"选项|

图 11-10　定义图块属性（2）

① 修改单个块的属性：选择"修改"→"对象"→"属性编辑"→"单个"命令，或单击"块"功能面板上的"编辑属性"按钮，还可以直接双击带有属性的图块，弹出"增强属性编辑器"对话框，如图 11-11 所示，对图块属性进行编辑。

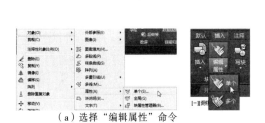

|（a）选择"编辑属性"命令|（b）"增强属性编辑器"对话框|

图 11-11　修改单个图块属性

提示："增强属性编辑器"对话框中有 3 个选项卡。"属性"选项卡中显示图块的标记、提示和参数值等属性，并可在该选项卡中对参数值进行修改；"文字选项"选项卡中显示文字的样式、对正方式、文字高度和旋转角度等参数，可在该选项卡对这些参数进行修改；在"特性"选项卡中可以修改图块属性所在的图层、线型、颜色和线宽等特性。

② 修改图块属性的参数值：在命令行中输入"Attedit"命令，弹出"编辑属性"对话框，如图 11-12 所示，对图块属性数值进行编辑，完成后单击"确定"按钮。

图 11-12　修改图块属性的参数值

③ 块属性管理器：选择"修改"→"对象"→"属性"→"块属性管理器"命令，

或单击功能面板上的"管理属性"按钮 ，或在命令行中输入"Battman"命令，弹出"块属性管理器"对话框，如图 11-13 所示，在该对话框中对选择的图块进行属性编辑。

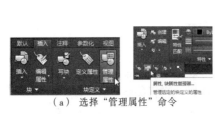

（a）选择"管理属性"命令　　　　　　（b）"块属性管理器"对话框

图 11-13　管理块属性

提示：当图形中存在多种图块时，若要对图块属性进行修改，应打开"块属性管理器"对话框，如图 11-13（b）所示，在"块属性管理器"对话框中管理所有图块的属性。单击"选择块"按钮，返回绘图区选择要进行编辑的图块；单击"设置"按钮，弹出图 11-14（a）所示的"块属性设置"对话框，在"在列表中显示"选项组中对要显示的参数进行设置；单击"编辑"按钮，弹出图 11-14（b）所示的"编辑属性"对话框，对活动块的"属性"、"文字选项"、"特性"等参数进行设置。

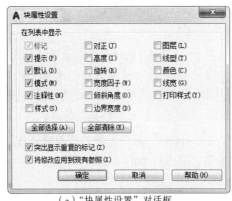

（a）"块属性设置"对话框　　　　　　（b）"编辑属性"对话框

图 11-14　修改图块属性

4. 使用外部参照

AutoCAD 将外部参照作为一种块定义类型，但与图块有重要差别。与插入图块方式相比，外部参照（external reference，Xref）提供了另一种更为灵活的图形引用方法，使用外部参照可以将多个图形链接到当前图形中，并且作为外部参照的图形会随着原图形的修改而更新。此外，外部参照不会明显增加当前图形的文件大小，从而可以节省磁盘空间，也利于保持系统的性能。外部参照必须是模型空间对象，可以以任何比例、位置和旋转角度附着。

（1）附着外部参照

将图形作为外部参照附着时，会将该参照图形链接到当前图形；打开或重载外部参照时，对参照图形所做的任何修改都会显示在当前图形中。一个图形可以作为外部参照同时附着到多个图形中，反之，也可以将多个图形作为参照图形附着到单个图形中。

附着外部参照的操作步骤如下：

① 调用"插入"→"DWG 参照"命令，如图 11-15（a）所示，或在命令行提示下，输入 Xattach 命令，弹出图 11-15（b）所示的"选择参照文件"对话框。

（a）调用插入参照命令　　　　　　　　（b）"选择参照文件"对话框

图 11-15　附着外部参照

② 在"选择参照文件"对话框中，选择要附着的文件，然后单击"打开"按钮，弹出图 11-16 所示的"附着外部参照"对话框。

③ 在"附着外部参照"对话框中的"参照类型"选项组中选择"附着型"单选按钮，在"插入点"、"比例"、"旋转"3 个选项区域中均选择"在屏幕上指定"单选按钮，如图 11-16 所示。

图 11-16　"附着外部参照"对话框

④ 单击"确定"按钮，按照命令行提示进行操作，完成附加外部参照操作。

提示：在图 11-16 所示的对话框中，可以看到有两种不同的方法附加外部参照，即"附着型"和"覆盖型"。当外部参照为附着型时，所有嵌套的外部参照也被附加进来，当外部参照为覆盖型时，所有嵌套的外部参照将被忽略。即不能装入原图中嵌套的覆盖型外部参照。

（2）管理外部参照

"外部参照"选项板为当前图形中所有的参照提供了一个统一的管理界面，如图 11-17

所示。该选项板提供了两种不同的观察附加外部参照的方法——列表图和树状图，可以按【F3】和【F4】键在列表图和树状图之间切换。选择外部参照的任意部分，均可选中整个外部参照。

① 打开"外部参照"选项板：选择"插入"→"外部参照"命令，或单击"参照"工具面板右下角的小箭头 ，也可以在命令行输入"Xref"命令。

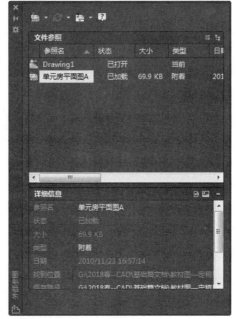

图 11-17 "外部参照"选项板

② 单击"列表图"按钮 📋，以无层次列表的形式显示附加的外部参照和它们的相关数据。可以按名称、状态、类型、文件日期、文件大小、保存路径及文件名对列表中的参照进行排序。

③ 单击"树状图"按钮 🗂，显示一个外部参照的层次结构图，在图中显示外部参照定义之间的关系。树状图显示附加外部参照的嵌套关系层次、外部参照的类型（附着型或覆盖型），以及它们的状态（已加载、卸载、标记为重载或卸载、未找到、未融入或未参照）。

（3）拆离外部参照

要从图形中完全删除外部参照，需要拆离它们。删除外部参照不会删除与其关联的图层定义，使用"拆离"命令将删除外部参照和所有关联信息。只能拆离直接附着或覆盖到当前图形中的外部参照，而不能拆离嵌套的外部参照。AutoCAD 不能拆离由另一个外部参照或块所参照的外部参照。

拆离外部参照的操作步骤如下：

① 在"外部参照"选项板中，选择要拆离的 DWG 参照。

② 在选择的 DWG 参照上右击，然后在弹出的菜单中选择"拆离"命令，如图 11-18 所示。

（4）卸载和重载外部参照

从当前图形中卸载外部参照后，图形的打开速度将大大加快，内存占用量也会减少。

外部参照定义将从图形文件中卸载，但指向参照文件的指针仍然保留。此时不显示外部参照，非图形对象信息也不显示在图形中。但当重载该外部参照时，所有信息都可以恢复。如果将 XLOADCTL（按需加载）系统变量设置为 1，卸载将解锁原始文件。

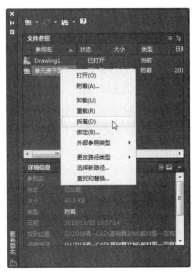

图 11-18　拆离外部参照

①　卸载外部参照：如果当前图形任务中不需要参照图形，但可能会用于最终打印，应该卸载此参照文件。可以在图形文件中保持已卸载的外部参照的工作列表，需要时再加载。与拆离不同，卸载不是永久删除外部参照，只是不显示和重新生成外部参照定义，这有助于提高当前应用程序的工作效率。卸载外部参照的操作方法，参考图 11-18 所示的拆离外部参照的步骤。

②　重载外部参照：尽管每次打开含有外部参照的图形时，AutoCAD 自动重新加载所有外部参照文件，但在每次绘图输出包含外部参照的图形时，有两种情况需要重新加载外部参照：一种是在当前图形中已卸载，随后又需要的外部参照；另一种是在网上设计并且其他使用者可能已经打开并修改了参照图形时，也需要重新加载。重加载外部参照的操作，参考图 11-18 所示的拆离外部参照的步骤。

提示：如果 AutoCAD 没有将外部参照设置为"按需加载并使用副本"，则其他使用者就不能修改并保存正在被按需加载方式使用的参照图形。

（5）绑定外部参照

使用 XBind 命令可以将外部参照数据变成当前图形的永久组成部分，已绑定的外部参照不可以被拆离或重载。要绑定一个嵌套的外部参照，必须选择上一级外部参照。将外部参照绑定到当前图形，有两种方法，即绑定和插入。在插入外部参照时，绑定方式改变外部参照的符号表名称，而插入方式则不改变符号表名称。

5. 外部参照与图块的区别

AutoCAD 将外部参照作为一种块定义类型，但与图块有一些重要差别。

如果把图形作为块插入时，块定义和所有相关联的几何图形都将存储在当前图形数据库中，并且修改原图形后，已插入的图块不会随之更新。

外部参照是把已有的图形文件像块一样插入到图形中，但外部参照不同于图块插入。

在插入图块时，插入的图形对象作为一个独立的部分存在于当前图形中，与原来的图形文件没有关联。在绘图过程中，将一幅图形作为外部参照附加到当前图形，是一种重要的共享数据的方法。

在使用外部参照的过程中，这些被插入的图形文件信息并不直接加入到当前的图形文件中，而只是记录引用的关系，对当前图形的操作也不会改变外部引用图形文件的内容。只有用户打开有外部引用的图形文件时，系统才自动地把各外部引用图形文件重新调入内存，且当前文件能随时反映引用文件的最新变化。

将一个图形文件作为外部参照插入到当前图形中时，外部参照中每个图形的数据仍然分别保存在各自的源图形文件中，当前图形中所保存的只是外部参照的名称和路径。无论一个外部参照文件多么复杂，AutoCAD 都会把它作为一个单一对象来处理，而不允许进行分解。用户可对外部参照进行比例缩放、移动、复制、镜像或旋转等操作，还可以控制外部参照的显示状态，但这些操作都不会影响到原图形文件。

AutoCAD 允许在绘制当前图形的同时，显示多达 32 000 个图形参照，并且可以对外部参照进行嵌套，嵌套的层次可以为任意多层。当打开或打印附着外部参照的图形文件时，AutoCAD 自动对每一个外部参照图形文件进行重载，从而确保每个外部参照图形文件反映的都是它们的最新状态。

绘图分析与画法

1. 例题 1

定义表面粗糙度符号图块

① 绘制构成图块的图形对象，如图 11-19（a）所示。

② 单击"块"工具面板中的"创建块"按钮，弹出"块定义"对话框，在"名称"文本框中输入块的名称"表面粗糙度"。单击"对象"选项组中的"选择对象"按钮，在绘图区选择表面粗糙度的所有图形对象，然后右击，在弹出的菜单中选择"确认"命令，返回"块定义"对话框[见图 11-19（b）]。

③ 单击"基点"选项组中的"拾取点"按钮，在绘图区中选择构成图块图形的下角点作为图块的基点，如图 11-19（c）所示。

（a）构成图块的图形　　　　（b）"块定义"对话框　　　　（c）定义插入基点

图 11-19　定义图块

④ 单击"确定"按钮，完成创建表面粗糙度符号图块的操作。

⑤ 单击"块"工具面板中的"插入"按钮，弹出图块列表，选择准备插入的图块，即可执行插入图块操作。若要以更灵活的方式插入图块，则要单击"更多选项"，弹出"插

入"对话框,如图 11-20 所示。在"名称"下拉列表框中选择准备插入的图块,定义插入方式,单击"确定"按钮,然后在零件图上选择表面粗糙度符号的插入位置,将粗糙度符号插入到当前图形中。

"插入"列表　　　　　　　　　　"插入"对话框　　　　　　　　　　插入后的效果

图 11-20　插入图块

2. 例题 2

练习使用"比例"和"旋转"参数,插入图块。

① 参考实训六习题 2,绘制昆虫图形,将其定义成外部图块"昆虫",如图 11-21(a)所示。

② 选择"绘图"→"插入"命令,在弹出的"插入"对话框中的"比例"选项区域,取消选择"统一比例"复选框,指定 X 方向为 1, Y 方向为 0.5,然后单击"确定"按钮,并在绘图区指定插入点,实现图 11-21(b)所示的插入图块的操作。同理,指定 X 方向为 0.5, Y 方向为 1,并单击"确定"按钮,然后在绘图区指定插入点,实现图 11-21(c)所示的插入图块的操作。

③ 在"插入"对话框的"旋转"选项区域,指定旋转"角度"为"30",同时在"比例"选项区域,指定 X 方向为 0.5, Y 方向为 1,并单击"确定"按钮,然后在绘图区指定插入点,实现图 11-21(d)所示的插入图块的操作。同理,指定旋转"角度"为"-30",实现图 11-21(e)所示的插入图块的操作。

(a)定义图块　　　(b)比例 Y=0.5　　　(c)比例 X=0.5　　(d)旋转角度 30°　(e)旋转角度 -30°

图 11-21　以"比例"和"旋转"方式插入图块

3. 例题 3

定义带有属性的表面粗糙度图块。

① 绘制构成图块的图形对象,如图 11-22(a)所示。

② 选择"绘图"→"块"→"定义属性"命令,弹出"属性定义"对话框。或在"插入"选项卡,"块定义"功能面板选择"定义属性"命令。

③ 在"属性"选项组中的"标记"文本框中输入"粗糙度",在"提示"文本框中输入提示文字"请输入表面粗糙度参数值",在"默认"数值框中输入表面粗糙度参数值的默

认值 $Ra1.6$，如图 11–23（a）所示。

④ 单击"属性定义"对话框中的"确定"按钮，并在绘图区选择属性的插入点，如图 11–23（b）所示，完成后的表面粗糙度符号如图 11–23（c）所示。

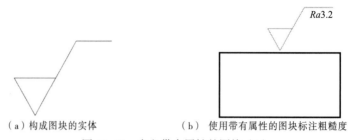

（a）构成图块的实体　　　　　（b）使用带有属性的图块标注粗糙度

图 11–22　定义带有属性的图块（1）

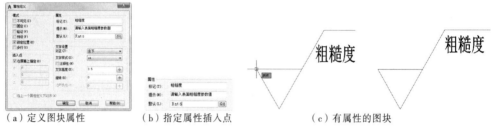

（a）定义图块属性　　　（b）指定属性插入点　　　（c）有属性的图块

图 11–23　定义带有属性的图块（2）

⑤ 选择"绘图"→"块"→"创建"命令，弹出"块定义"对话框，在"名称"文本框中输入块的名称"表面粗糙度 2"。单击"对象"选项组中的"选择对象"按钮，返回绘图区，在绘图区选择图 11–24（a）所示的全部对象，然后右击返回"块定义"对话框。

⑥ 单击"基点"选项组中的"拾取点"按钮，然后在绘图区选择对象下角点作为图块的基点，如图 11–24（b）所示。

（a）选择图块及属性　　　　　　（b）指定图块插入基点

图 11–24　定义带有属性的图块（3）

⑦ 单击"块定义"对话框中的"确定"按钮，弹出"编辑属性"对话框，如图 11–25（a）所示，根据命令提示输入表面粗糙度参数值，作为当前粗糙度图块的属性值，也可以直接单击"确定"按钮，完成当前操作，图块粗糙度参数值采用默认值。完成后的表面粗糙度图块符号如图 11–25（b）所示。

⑧ 选择"插入"→"块"命令，弹出"插入"对话框，在"名称"下拉列表中，选择"表面粗糙度 2"选项，如图 11–26（a）所示，再单击"确定"按钮，然后在绘图区选择图块的插入位置，如图 11–26（b）所示。

⑨ 根据命令行提示，在命令行输入新的表面粗糙度参数值的大小。表面粗糙度参数

值的默认值为 $Ra1.6$，若直接按【Enter】键，则表面粗糙度符号参数值为 $Ra1.6$，若输入新值 $Ra3.2$ 则表示粗糙度符号参数值为 $Ra3.2$，如图 11-26（c）所示。

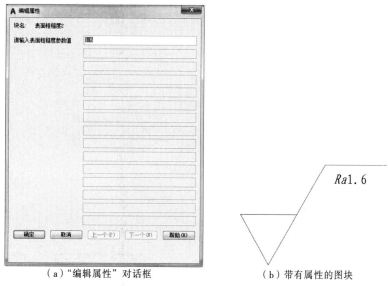

（a）"编辑属性"对话框　　　　　（b）带有属性的图块

图 11-25　定义带有属性的图块（4）

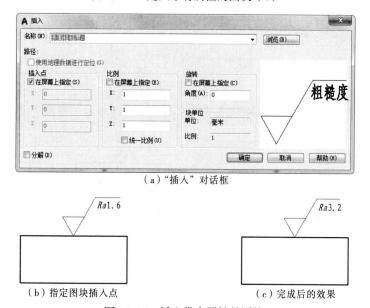

（a）"插入"对话框

（b）指定图块插入点　　　　　（c）完成后的效果

图 11-26　插入带有属性的图块

4. 例题 4

图 11-27（c）所示"单元房平面图 A"和"单元房平面图 B"分别是某楼层相邻单元房户型示意图，将两者作为外部参照引用到楼层平面图中，绘制楼层平面图。

① 新建"楼层平面图.dwg"文件。

② 选择"插入"→"DWG 参照"命令，弹出"选择参照文件"对话框，在"实训十一"文件夹中，将"单元房平面图 A.dwg"和"单元房平面图 B.dwg"作为外部参照引用到"楼层平面图.dwg"文件中，如图 11-27 所示。

（a）"选择参照文件"对话框

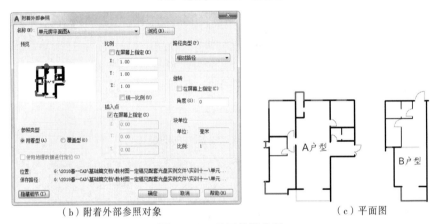

（b）附着外部参照对象　　　　　　　　　　　　　（c）平面图

图 11-27　引用外部参照

③ 将 A 户型和 B 户型平面图重新定位，如图 11-28 所示，镜像定位后，得到楼层平面图，如图 11-29 所示。

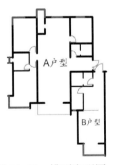

图 11-28　排列户型图

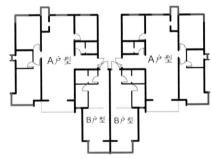

图 11-29　镜像得到楼层平面图

习　题

1. 图块的特点是什么？定义块属性的意义是什么？

2. 内部图块和外部图块有什么区别？怎样定义和使用它们？

3. 图块和外部参照有何区别？

4. 结合上机实训情况，查询 AutoCAD 联机帮助，参考下列格式，归纳整理本实训所练习的各个命令，如表 11-1 所示。

表 11-1　练习命令

命　　令	调用方法	功　　用	退出方法
Block	"块"功能面板：创建 "绘图"菜单："块"-"创建" 命令行：Block	创建内部图块	创建图块操作完成后自动退出命令

5. 绘制图块，如图 11-30 所示。

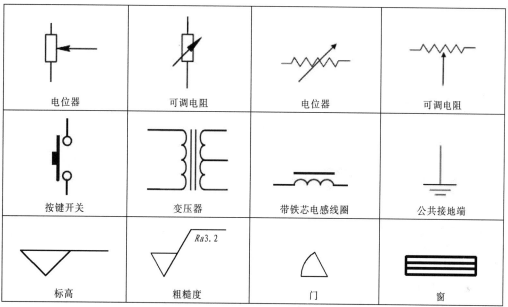

电位器	可调电阻	电位器	可调电阻
按键开关	变压器	带铁芯电感线圈	公共接地端
标高	粗糙度	门	窗

图 11-30　习题 5 图

6. 将"跳远、三级跳远沙坑大样图"作为外部参照引用到田径场地图中。

实训十二　图形的布局与打印输出

实训内容

学习如何在 AutoCAD 中添加打印机并配置打印参数；掌握在图纸空间与模型空间之间的切换，学习创建与使用布局，能够对布局进行设置，熟悉创建、布置及设置浮动视口；掌握不同空间模式下图形的打印与输出。

实训要点

图形绘制完成之后，可以使用多种方法输出图形。可以将图形打印在图纸上或创建电子打印以便通过 Internet 访问。这些情况都需要进行打印设置。

布局是 AutoCAD 提出的概念。布局模拟图纸页面，并提供直观的打印设置，在布局中可以创建并放置视口对象，还可以添加标题栏或其他对象。可以在图形中创建多个布局以显示不同视图，每个布局可以包含不同的打印比例和图纸尺寸。这样既提高了效率又可扩展观察设计结果的选择空间。

知识准备

1. 基本知识

（1）模型空间与图纸空间

AutoCAD 提供了两种绘图环境：模型空间和图纸空间。

模型空间是 AutoCAD 绘图环境的名称，在模型空间中，可在世界坐标系（WCS）或者用户坐标系（UCS）中创建二维和三维对象。通常用户在模型空间中按 1∶1 比例绘图，绘图完成后，再以放大或者缩小的比例打印图形。本书中截取的图样多为模型空间中的图形。

图纸空间是专门为规划打印布局而设置的一个绘图环境，表现了图形的图纸布局。创建的图纸空间视图是浮动的，而不是平铺的，在这个环境中，可以像在图纸上布置局部视图和正交视图一样，创建和布置图形的不同视图。另外，还可以添加注释、创建图纸边框和标题栏。

① 切换到图纸空间的方法：在绘图区左下角选择"布局 1"或"布局 2"选项卡，或单击 AutoCAD 主界面下方状态栏中的"模型"按钮。

② 切换到模型空间的方法：在绘图区左下角选择"模型"选项卡，或单击 AutoCAD 主界面下方状态栏中的"图纸"按钮。

（2）视口和布局

图纸空间可以想象为覆盖在模型空间上的一层不透明的纸，若要从图纸空间查看模型空间的内容，必须进行"开窗"操作，即打开"视口"。在图纸空间中，可以将视口放置在屏幕中的任意位置。

"视口"的大小和形状可以随意调整。在视口里面可以对模型空间的图形进行缩放（ZOOM）、平移（PAN）、改变坐标系（UCS）等操作，可以理解为拿着这张开有窗口的"纸"放在眼前，然后进行离模型空间的对象远或者近移动（等效 ZOOM）、左或者右移动（等效 PAN）、旋转（等效 UCS）等操作，在图纸空间进行的若干操作，只针对此图纸空间，对模型空间没有影响。如果不再希望改变布局，可以锁定视口。视口的边界可以重叠，并且可以同时打印这些视口。

图纸空间主要的作用是出图，就是把在模型空间绘制的图，在图纸空间进行调整、排版，这个过程称为"布局"。布局中保存页面设置，包括打印设备、打印样式表、打印区域、旋转、打印偏移、图纸尺寸和比例。不同的打印设备，默认的打印形式不同，用户也可以根据需要自行定义。

每个图形中可以包含多个布局，每个布局可以显示图形的不同视图及各自的打印设备和打印样式表。

（3）打印样式

打印样式控制图形中的对象的打印效果。例如打印样式可以指定图形对象在打印时使用的填充图案，或者指定图形中的所有对象以黑色线条打印。打印样式由颜色、抖动、灰度、笔设置、淡显、线型、线宽、线条端点样式、线条连接样式和填充样式等组成。

打印样式组保存在两类打印样式表中：颜色相关（CTB）打印样式表或命名（STB）打印样式表。颜色相关打印样式根据对象的颜色设置样式；命名打印样式可以指定对象，与对象的颜色无关。一个图形只能使用一种打印样式表；用户可以在两种打印样式表之间进行切换，也可以在设置了图形的打印样式表类型之后再修改所设置的类型。

默认情况下，每个对象和图层都具有打印样式特性。打印样式可以附着到"模型"选项卡和"布局"选项卡中。如果给对象赋予了一种打印样式，然后拆离这种附着关系或把包含该打印样式定义的打印样式表删除，则该打印样式就不再对对象起作用了。通过给布局附着不同的打印样式表，可以创建不同的打印图纸。

使用打印样式给用户提供了很大的灵活性，因为用户可以设置打印样式表来替代对象特性，也可以根据用户需要关闭这些替代设置。

（4）打印机配置

用户可以利用一个已配置好的打印机来打印图形，也可以选择虚拟打印机，配置打印参数。打印机配置包括端口信息、光栅图形和矢量图形的质量、图纸尺寸及打印机类型的自定义特性。打印机配置保存在扩展名为.pc3 的文件中。

一般情况下，所有可用的打印机显示在"打印"或者"页面设置"对话框的"打印设备"选项卡中的"打印机"下拉列表中。

2. 创建布局

在"模型"选项卡中完成图形的绘制以后，可以通过选择"布局"选项卡开始创建要打印的布局。

（1）使用"布局"选项卡创建布局

默认情况下，首次选择"布局"选项卡时，将显示单一视口，模型空间的所有图形均显示在该视口内。右击"布局"选项卡，弹出快捷菜单，选择"页面设置管理器"，弹出"页面设置管理器"对话框，如图 12-1（a）所示，在该对话框的下方显示当前选定页面设置的详细信息，如图 12-1（b）所示，此时，若要调整页面设置，可单击"页面设置管理器"对话框右侧的"新建"或"修改"按钮，进行相关设置。

（a）打开"页面设置管理器"对话框

（b）"页面设置管理器"对话框

图 12-1 使用"布局"选项卡创建布局

（2）使用布局向导创建布局

通过单击"布局"选项卡，可以快速创建布局，进入图纸页面。但对于首次接触 AutoCAD 布局的用户来说可能会造成困惑，而使用创建布局向导则可以一步一步引导用户进行相关设置，完成创建布局的工作。

① 选择"插入"→"布局"→"创建布局向导"命令，弹出"创建布局—开始"对话框，如图 12-2 所示。

 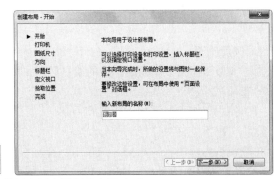

图 12-2 使用布局向导创建布局（1）

② 根据创建布局向导提示，依次完成打印机、图纸尺寸、图纸方向、图纸标题栏、定义视口等参数的定义工作，完成创建布局的操作。从模型空间切换到布局空间后，显示图形在图纸上的布局情况，用户可根据出图需要，在此环境下灵活布局排版图形，如图 12-3 所示。

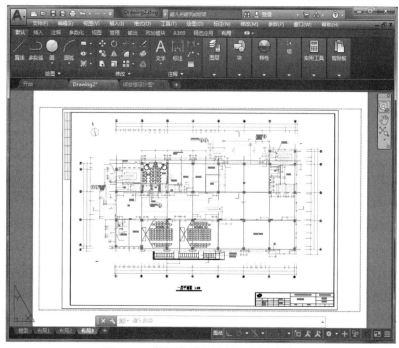

图 12-3　使用布局向导创建布局（2）

（3）使用"页面设置"对话框

在"页面设置管理器"对话框中，单击右侧的"修改"按钮，弹出"页面设置"对话框，如图 12-4 所示。

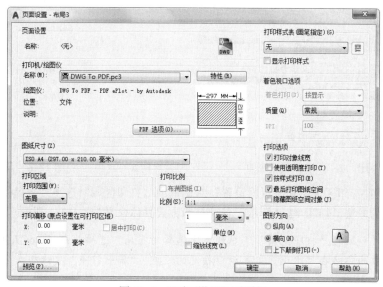

图 12-4　"页面设置"对话框

在"页面设置"对话框可以设置布局的相关参数，包括打印设备、布局纸张大小和打印比例等，之后，通过打印预览就可以看到打印后的效果。这种精确的、所见即所得的预览功能省去了打印时反复调整的工作量，大大提高了制图效率。

① 选择打印设备：在"打印机/绘图仪"选项区域的"名称"下拉列表中，用户可以选择已经配置好的某一个打印机或绘图仪，或选择一个虚拟打印设备，如图 12-5 所示。

② 选择打印样式：在"打印样式表（笔指定）"下拉列表中，选择一种打印样式，单击下拉列表框右侧的"编辑"按钮 可以对其进行编辑，如图 12-6 所示。

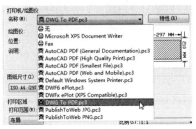

图 12-5 选择打印设备

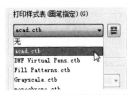

图 12-6 选择打印样式

③ 选择图纸幅面：在"图纸尺寸"下拉列表中选择合适的图纸幅面，如图 12-7 所示。在该区域右上侧可以预览图纸幅面的大小。

提示：如果所选打印设备不支持选择的图纸尺寸，将显示警告，用户可以选择绘图仪的默认图纸尺寸或自定义图纸尺寸。

④ 设置打印比例："打印比例"选项区域用于控制图形单位与打印单位之间的相对尺寸。在"比例"下拉列表框中可输入用于打印的精确比例值。打印布局时，默认缩放比例设置为 1：1。从"模型"选项卡打印时，默认设置为"布满图纸"，如图 12-8 所示。

提示："布满图纸"复选框仅在"模型"空间打印时起作用。选择该复选框后缩放打印图纸以布满所选图纸尺寸，并在"比例"、"毫米"和"单位"文本框中显示自定义的缩放比例因子。

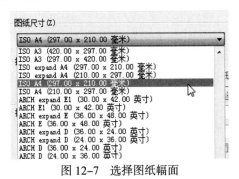

图 12-7 选择图纸幅面

图 12-8 设置打印比例

⑤ 设置打印区域：在"页面设置"对话框的"打印区域"选项区域提供了 4 种确定打印区域的方法，如图 12-9 所示。各种打印方式具体含义如表 12-1 所示。

提示：如果在"打印范围"下拉列表中选择"布局"选项，则 AutoCAD 将打印布局的实际尺寸而忽略在"比例"文本框中指定的设置，"居中打印"复选框灰显。

表 12-1　打印区域选项的含义

图形界限	打印布局时，将打印指定图纸尺寸的页边距内的所有内容，其原点从布局中的（0,0）点计算得出。从"模型"选项卡打印时，将打印图形界限定义的整个图形区域。如果当前视口不显示平面视图，该选项与选择"范围"选项后的效果相同
显示	打印选定的"模型"选项卡当前视口中的视图或布局中的当前图纸空间视图。该选项仅对当前选项卡有效，按照图形窗口的显示情况直接输出图形
范围	打印图形的当前空间部分。当前空间内的所有几何图形都将被打印。打印之前，会重新生成图形以便重新计算打印范围
窗口	打印指定图形的任意部分，这是直接在模型空间打印图形时最常用的方法。选择"窗口"选项，在"指定第一个角点："提示下，指定打印窗口的第一个角点，在"指定对角点："提示下，指定打印窗口的另一个角点。使用该方式确定打印区域是一种简便而且常用的方法，此时，绘图时绘制的图纸图幅框将会起作用，捕捉图幅框的两个对角点，就可以指定该图纸为打印区域了

⑥ 设置打印位置："打印偏移"选项区域用于设置图纸打印的位置，在"X"、"Y"文本框中设置打印的图形对象在图纸上的位置，在默认状态下，AutoCAD 将从图纸的左下角打印图形，打印原点的坐标是（0,0），如图 12-10 所示。若用户在"X"、"Y"文本框中输入相应的数值，则图形对象将在图纸上沿 X 轴和 Y 轴移动相应的位置。选择或取消选择"居中打印"复选框，用于控制是否将图形对象打印在图纸的正中间。

图 12-9　设置打印区域　　　　　　图 12-10　"页面设置"对话框—设置打印位置

⑦ 设置图纸打印的方向和位置：在"图形方向"选项区域可以指定图形在图纸上的打印方向，如图 12-11 所示。选择"纵向"单选按钮打印图形，会使图纸的短边位于图形页面的顶部；选择"横向"单选按钮打印图形，会使图纸的长边位于图形页面的顶部；选择"反向打印"复选框打印图形，则会上下颠倒地放置并打印图形。

图 12-11　设置图纸方向

⑧ 预览打印效果：在完成上述各项设置后，单击左下角"预览"按钮，可以预览图形对象的打印效果。若对预览效果不满意，可以单击"关闭预览窗口"按钮，返回"页面设置"对话框，修改打印参数。按【Esc】键可直接退出预览状态。

⑨ 保存页面设置：创建布局后，AutoCAD 2018 按创建的页面设置显示布局，并将打印设备、打印样式和页面设置的设置保存为命名的页面设置，命名的名称依次为"布局 1"、"布局 2"……该默认名称可以在"页面设置管理器"对话框中重新命名。如果在图形中保存了命名页面设置，则可以在其他图形中输入这些页面设置。一旦输入了一个命名页面设置，就可以将它应用到布局中。在"页面设置管理器"对话框中，单击"新建"按钮，或在"打印"对话框中的"页面设置"选项区域，单击"添加"按钮，可添加命名的页面设置，如图 12-12 所示。

（a）重命名

（b）"新建页面设置"对话框

（c）"页面设置"选项区域

（d）"添加页面设置"对话框

图 12-12　新建/添加命名的页面设置

3. 创建浮动视口

在构造布局时，可以将浮动视口视为图纸空间的图形对象，用户可以对其进行移动和调整，且浮动视口可以重叠或分离。但是，用户无法在图纸空间编辑模型空间中的对象，要在图纸空间编辑模型，必须激活浮动视口，即进入浮动模型空间。

在默认情况下，当用户创建新布局时，系统将自动按所设页面创建一个浮动视口，如果此时视口不满足自己的要求，用户可以删除该浮动视口，然后重新创建浮动视口。

（1）在布局中放置浮动视口

创建浮动视口时，可以控制视口的数量、大小和布置视口。如同平铺视口一样，AutoCAD 提供了几个标准视口配置，可以创建一个浮动视口或者将图形区分为多个视口。创建了浮动视口后，可以像对待其他对象一样移动或者改变。

在默认状态下，AutoCAD 第一次激活布局时创建一个新浮动视口，用户可以使用该浮动视口对图形对象进行布局，也可以选择该视口将其删除，再重新创建浮动视口。创建浮动视口有以下几种方式。

- 使用菜单栏：选择"视图"→"视口"命令，如图 12-13（a）所示。
- 使用功能面板：在"布局"选项卡"布局视口"功能面板上创建，如图 12-13（b）所示。

（a）使用菜单新建视口

（b）使用"布局"选项卡"布局视口"工具面板新建视口

图 12-13　创建视口

- 使用命令行：在命令行输入"Vports"命令。

"视口"对话框如图 12-14 所示，在此可以创建单个或多个视口，同时还可以确定视口的摆放形式并对视口进行命名，如图 12-15 所示。

图 12-14　"视口"对话框

图 12-15　"命名视口"选项卡

提示：创建平铺视口和浮动视口的命令相同，但对话框界面不同，应注意区别。在创建浮动视口对话框中的"设置"下拉列表中选择"二维"选项，则在所有浮动视口内都是二维视图。可以根据需要改变这些视图；如果选择"三维"选项，则在视口中显示三维视图。

（2）在布局中放置保存的视口配置

如果在模型空间创建并保存了一个平铺视口配置，则可以在当前布局中放置这个视口配置。

① 选择"视图"→"视口"→"新建视口"命令。

② 在"视口"对话框中选择"命名视口"选项卡。

③ 从列表中选择视口配置，然后单击"确定"按钮。

④ 当 AutoCAD 提示在布局中确定视口的位置时，指定一个矩形对角点以放置视口。

（3）创建非矩形视口

在 AutoCAD 中，还可以创建具有不规则边界的新视口。定义不规则视口的边界时，AutoCAD 将计算所选对象所在的范围，在边界的角上放置视口对象，然后根据边界中指定的对象剪裁视口。

① 选择"视图"→"视口"→"多边形视口"命令，或在"布局视口"工具面板中单击"多边形视口"按钮，然后根据命令行提示，定义多边形视口。

② 选择"视图"→"视口"→"对象"命令，或在"布局视口"工具面板中单击"对象"按钮，指定多边形对象创建多边形视口。

（4）改变视口特性

创建浮动视口后，可以根据需要使用 AutoCAD 命令对其进行修改，并且，可以使用对象捕捉功能进行捕捉，也可以使用夹点编辑视口边框。重新布置或者改变一个浮动视口，必须位于图纸空间，并且视口边框可见。

可以复制、位移、比例缩放、局部拉伸甚至删除视口。改变视口大小后，只是视口边框的尺寸被改变了，视口的比例并没有改变。在图纸空间删除视口只影响视口本身，并不影响视口中的对象。

提示：通过改变视口特性，用户可以在一个视口中显示整幅图形，而在另一个视口中显示图形的某一局部。调整视口大小和位置在图纸空间进行；调整图形对象大小和位置等在模型空间进行。

4. 在浮动视口中编辑

在图纸空间创建浮动视口时，可以使用多种方法控制视口中对象的可见性。这些方法有助于限制屏幕重生成及突出显示或隐藏图形中的不同元素。

如果在图纸空间工作，又想编辑模型空间的对象，使布局视口当前化则可返回到模型空间。此时在布局视口中所做的修改将影响模型，因此也影响显示修改对象的全部其他视口。

（1）在浮动视口中控制图层的可见性

一般情况下，如果所有视口显示图形的相同部分，则在一个视口中创建的图形在其他视口中也可见，这对于模型本身是有利的。但是，如果各个视口显示的图形并不相同，那么在添加尺寸标注和注释时就会出现严重问题。例如，若在俯视图中标注尺寸，则这些尺寸标注在主视图中将竖直放置，这种形式当然不是我们所希望的。由于冻结图层是不可见的，它们不能被重生成或打印，因此可以通过在指定视口中冻结图层解决这个问题。

浮动视口与平铺视口的区别在于，用户可以利用"图层特性管理器"对话框冻结/解冻某个视口中的图层而不影响其他视口。

（2）比例缩放视口中的内容

缩放或拉伸布局视口的边界不会改变视口中视图的比例。若想在打印图形中精确地缩放每一个显示视图，必须设置每一个视图相对于图纸空间的缩放比例。

在布局中工作时，比例因子代表显示在视口中的模型的实际尺寸与布局尺寸的比例。此比例为图纸空间单位与模型空间单位的比例。例如，对于 1/4 比例的图形，比例因子就是 1 个图纸空间单位相对于 4 个模型空间单位的比率（1:4）。

可以使用"特性"选项板、缩放命令（Zoom）或"视口"工具栏修改视口的打印比例。使用"特性"选项板修改视口缩放比例的方法如下：

① 确保处在图纸空间的"布局"选项卡。

② 选择要修改比例的视口的边界。

③ 选择"工具"→"特性"命令。

④ 在"特性"选项板中选择"自定义比例"选项，定义任意缩放比例值。

（3）锁定视口比例

在创建布局视口时，可能需要在某些视口中应用其他比例，以显示不同层次的细节，一旦设置视口比例后，如果使用缩放命令缩放视口，则会同时改变视口比例。如果先将视口的比例锁定，放大查看不同层次的细节的同时可以保持视口比例不变。

比例锁定将锁定选定时视口中设置的比例。比例锁定后，可继续修改当前时视口中的几何图形而不影响视口比例。锁定视口比例后，大多数查看命令将不可用（如 Vpoint、Dview、3Dorbit、Plan 和 View），这确保了不会因为意外情况而改变视口比例。

使用"特性"选项板锁定视口比例的方法如下：

① 在布局空间选择要锁定比例的视口。

② 选择"工具"→"选项板"→"特性"命令。

③ 在"特性"选项板中选择"显示锁定"→"是"命令。

④ 右击鼠标，在弹出的快捷菜单上选择"显示锁定"→"是"，也可以锁定视口。

5. 打印图形

选择"打印"命令后，AutoCAD 将弹出"打印"对话框，如图 12-16 所示。该对话框与图 12-4 所示的"页面设置"对话框相似。如果在"页面设置"对话框中指定了打印设备并做好了打印的相关设置，则打印时这些设置已经存在，无须再做任何修改就可以在指定的打印机上打印图形了。如果是在模型空间中打印，AutoCAD 将把在"选项"对话框的"打印"选项卡中指定的打印设备作为默认的打印设备。

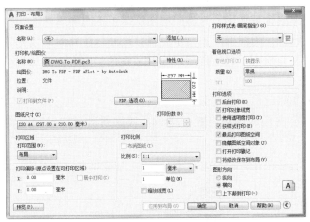

图 12-16　"打印"对话框

（1）选择打印内容

在打印图形时，AutoCAD 自动打印当前选项卡。另外，也可以打印所有布局选项卡或者选择的选项卡。在当前选项卡内，可以在"打印区域"选项组中设置更为具体的打印范围和打印内容。

（2）打印到文件

如果将 AutoCAD 图形打印输出到文件，则可以在没有安装 AutoCAD 软件的计算机上打印输出。

将图形打印输出到文件应选择"打印到文件"复选框。若执行电子打印（DWF 文件）或选择了 AutoCAD 的光栅图形格式打印驱动程序，则 AutoCAD 将自动选中这个复选框。AutoCAD 创建的打印文件扩展名取决于所创建打印文件的类型，对于 DWF 和光栅图像格式图形名后加上"-模型"（在"模型"选项卡中打印）或"-布局"（在"布局"选项卡中打印）作为打印文件名，并保存到当前子目录中。打印前可以修改系统的默认值。

若选择了 Web 工具栏上的"文件名和路径"按钮，则 AutoCAD 将弹出"浏览打印文件"对话框，完成设置后即可在 Internet 上选择打印文件的保存位置。

（3）控制打印设置

控制打印设置，通常是指控制图纸尺寸、图形方向、打印区域、打印比例、打印偏移和其他打印选项。若需要调整这些选项的相关设置，可在打印前在"打印"对话框中进行调整。

（4）打印预览

在将图形发送到打印机或绘图仪之前，最好先预览打印图形的效果。生成预览可以节约时间和材料。

单击"打印"对话框左下角的"预览"按钮，系统将显示图形的打印预览效果。一旦生成了预览，光标将变为实时缩放光标，可以放大或缩小显示预览图像。还可以使用"平移"方式，对局部细节进行细致观察。若要退出预览，可以右击，在弹出的菜单中选择"退出"命令。

绘图分析与画法

1. 例题 1

本例为在模型空间打印，具体方法如下：

① 在模型空间根据图形尺寸按照 1:1 的比例绘图。

② 合理使用图层管理图形，为不同的图层赋予不同的属性。

③ 根据图层配置，为图形添加文字注释、尺寸标注和图案填充等图纸信息。

④ 对图形做全面检查，包括线型、线宽、颜色、文字样式和标注样式等，完成绘图工作。

⑤ 绘制图框及标题栏。根据图形尺寸调整图框比例。

⑥ 调整图框与图形的相对位置，将图框摆放到适当位置。完成全部绘图工作，如图 12-17 所示。

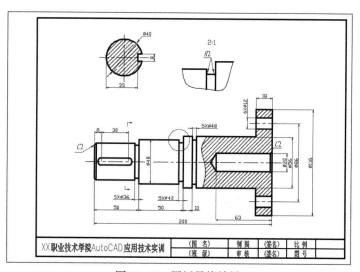

图 12-17　图纸最终效果

⑦ 发布打印命令，在"打印"对话框中设置"打印设备"、"纸张尺寸"和"纸张方向"等参数。

⑧ 在"打印区域"选项组中，选择"打印范围"下拉列表中的"窗口"选项，在绘图区捕捉图纸边框对角点，确定打印范围，打印偏移设置为"0"，如图 12-18 所示。

图 12-18　确定打印范围和打印偏移

⑨ 单击"修改标准图纸尺寸"选项组中的"修改"按钮，修改标准图纸尺寸，将纸

张默认页边距全部设置为 0，如图 12-19 所示。

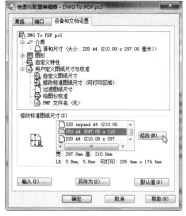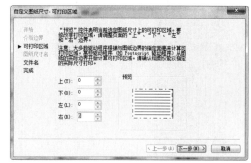

图 12-19　修改图纸尺寸

⑩ 系统提示保存上述设定的打印参数，如图 12-20 所示。

图 12-20　保存打印参数

预览设置效果，若对打印效果不满意，再根据需要进行调整，然后，在图纸上右击，在弹出的菜单中选择"打印"命令，打印出图。

提示：若已在模型空间完成全部绘图工作，包括图形、必要的文字说明、图纸边框和标题栏等，这时，直接在模型空间打印更简便易行。

2. 例题 2

本例为创建浮动视口打印，具体方法如下：

① 在模型空间根据图形尺寸按照 1∶1 的比例绘图。

② 合理使用图层管理图形，为不同的图层赋予不同的属性。

③ 根据图层配置，为图形添加文字注释、尺寸标注和图案填充等图纸信息。

④ 对图形做全面检查，包括线型、线宽、颜色、文字样式和标注样式等，完成绘图工作。

⑤ 使用布局向导，创建打印布局，根据打印需要，设置打印机、纸张尺寸和纸张方向等相关打印选项（此时，可不设置标题栏和视口等打印项目，采用默认值即可）。

⑥ 根据需要，插入图框及标题栏，删除默认视口，重新为图纸空间创建浮动视口。

⑦ 调整图形比例及位置，根据设置的比例，添加比例说明等必要的注释。

⑧ 选择"打印"命令，打印布局内容，如图 12-21 所示。

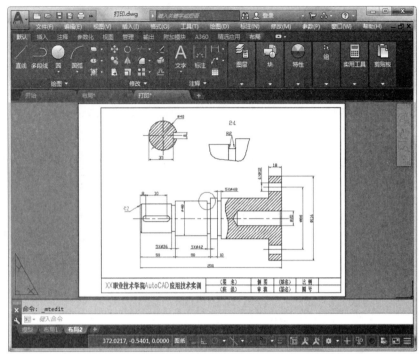

图 12-21　在布局空间打印

　　提示：使用布局打印，需要在图纸空间中定义图框、标题栏，并添加必要的说明文字等非图形信息。这种打印方式，更灵活，更适于复杂图形的布局排版及打印输出。

习　　题

1. 模型空间与图纸空间有何区别？
2. 通过哪些方法可以不打印图层内容？
3. 打印典型图例，制作"XX 职业技术学院 AutoCAD 应用技术实训图纸集"。

一、单选题

1. AutoCAD 软件的基本图形格式为（　　）。

    A. *.map　　　　　B. *.lin　　　　　C. *.lsp　　　　　D. *.dwg

2. 下面 4 种点的坐标表示方法中，（　　）是绝对直角坐标的正确表示。

    A. 25;32　　　　　B. 25 32　　　　　C. @25,32　　　　　D. 25,32

3. 当前图形有 4 个层 0、A1、A2、A3，如果 A3 为当前层，下面哪句话是正确的？（　　）

    A. 只能把 A3 层设为当前层

    B. 可以把 0、Al、A2、A3 中的任意层设为当前层

    C. 可以把 4 个层同时设为当前层

    D. 只能把 0 层设为当前层

4. 图层的颜色确定以后，在该层上（　　）。

    A. 只能画出一种颜色的线条　　　　　B. 只能画出 3 种颜色的线条

    C. 能画出多种颜色的线条　　　　　　D. 只能画出两种颜色的线条

5. 在 AutoCAD 中默认的 Grid（栅格）设置是几个绘图单位？（　　）

    A. 0　　　　　B. 1　　　　　C. 2　　　　　D. 10

6. 图形元素圆有（　　）个特征点。

    A. 3　　　　　B. 5　　　　　C. 4　　　　　D. 1

7. 在 AutoCAD 系统中，用下列哪个命令生成的对象与线型属性无关？（　　）

    A. Circle　　　　　B. Text　　　　　C. Pline　　　　　D. Donut

8. 更改绘图区、命令行等的颜色及命令行的字体，可以（　　）。

    A. 通过"选项"对话框中的"显示"选项卡

    B. 选择"格式"→"颜色"命令

    C. 选择"视图"→"渲染"命令

    D. 选择"视图"→"着色"命令

9. 绘制一段圆弧，然后单击"直线"按钮，直接按【Enter】键或右击，结果是（　　）。

    A. 以圆弧端点为起点绘制直线，且过圆心

    B. 以直线端点为起点绘制直线

    C. 以圆弧端点为起点绘制直线，且与圆弧相切

    D. 以圆心为起点绘制直线

10. 多段线（Pline）不可以（　　）。

    A. 绘制由不同宽度的直线或圆弧所组成的连续线段　　　　　B. 绘制样条曲线

    C. 绘制首尾不同宽度的线　　　　　D. 闭合多段线

11. 关于矩形说法错误的是（   ）。

    A. 根据矩形的周长就可 以绘制矩形   B. 矩形是多段线

    C. 矩形可以进行倒圆、倒角   D. 已知面积和一条边长度可以绘制矩形

12. 图案填充的"角度"是（   ）。

    A. 以 X 轴正方向为零度，顺时针为正

    B. 以 Y 轴正方向为零度，逆时针为正

    C. 以 X 轴正方向为零度，逆时针为正

    D. ANSI31 的角度是 45°

13. 填充图案是在哪个文件中描述的？（   ）

    A. acad.mnu   B. acad.pat 和 acadiso.pat

    C. acad.pgp   D. acad.lin 和 acadiso.lin

14. 在多行文字录入框中，%%C10、%%P10、10%%D 分别表示（   ）。

    A. $\phi10$, ±10, 10%   B. ±10, $\phi10$, 10%

    C. 10%, $\phi10$, ±10   D. $\phi10$, 10%, ±10

15. 如果未找到外部参照或需要重载任何外部参照，系统右下角的"管理外部参照"图标中将（   ）。

    A. 出现一个问号   B. 出现一个叹号

    C. 变为红色   D. 变为黄色

16. 通过对象"特性"不能修改圆弧的（   ）。

    A. 半径   B. 弧长和面积

    C. 圆心   D. 起点角度和端点角度

17. 图块定义中插入点的系统默认值为（   ）。

    A. 坐标原点   B. 线段端点   C. 用户指定   D. 通常不为同一点

18. 命名和保存视图时，不会保存下来的是（   ）。

    A. 比例、中心点和视图方向

    B. 显示窗口设置

    C. 用户坐标系、三维透视和剪裁

    D. 视图的位置、保存视图时图形中的图层可见性

19. 在命令的执行过程中，若要打开软件帮助界面可以怎样实现？（   ）

    A. 按功能键【F1】   B. 按功能键【F10】

    C. 按功能键【F2】   D. 按功能键【F12】

20. 环形阵列的方向是（   ）。

    A. 顺时针   B. 逆时针   C. 取决于阵列方法   D. 无所谓方向

21. 拼写检查可以检查图形中所有文字的拼写，包括（   ）

    A. 单行文字和多行文字   B. 属性值中的文字

    C. 块参照及其关联的块定义中的文字嵌套块中的文字   D. 以上都是

22. 鸟瞰视图的作用是（   ）。

    A. 观察每个命名的视图

    B. 从一个独立的窗口中显示整个图形，是实时缩放和平移的工具

    C. 在 Viewers 关闭时，动态缩放

    D. 用于观察图形的不同部位，相当于平移

23. 要用哪个命令设置 AutoCAD 图形边界？（　　）

    A．Grid　　　　　B．Snap 和 Grid　　　C．Limits　　　　D．Options

24. 连续标注是怎样的标注？（　　）

    A．自同一基线处测量　　　　　　　B．线性对齐

    C．首尾相连　　　　　　　　　　　D．增量方式创建

25. 若要中断任何正在执行的命令可以按（　　）。

    A．【Enter】键　　B．【Space】键　　C．【Esc】键　　D．鼠标右键

26. 两圆相距 100，半径分别为 30 和 50，两圆的公切圆半径为 120，则这样的圆有几个？（　　）

    A．2　　　　　　B．4　　　　　　　C．8　　　　　　　D．6

27. 在"局部打开"对话框中，要加载几何图形的视图，可以加载什么空间的视图？（　　）

    A．模型空间　　　B．图纸空间　　　C．布局空间　　　D．以上均可

28. 一般情况下光标停留在工具图标上时会出现一个工具栏提示，如果没有出现，解决办法是（　　）。

    A．将系统变量 Tooltips 更改为 0

    B．将系统变量 Tooltips 更改为 1

    C．在"自定义用户界面"窗口中修改"特性"选项组中的"说明"

    D．系统有问题，重新安装系统

29. Point 命令不可以（　　）。

    A．绘制单点或多点　　　　　　　　B．定距等分直线、圆弧或曲线

    C．等分角　　　　　　　　　　　　D．定数等分直线、圆弧或曲线

30. 引线标注中的点数最多可以设置几个？（　　）

    A．2　　　　　　B．3　　　　　　　C．10　　　　　　　D．不限制

31. 定义文字样式的命令是（　　）。

    A．Text　　　　　B．Style　　　　　C．Textdine　　　D．Standard

32. "工作空间"可以帮助用户实现如下何种功能？（　　）

    A．简化常规任务　　　　　　　　　B．使用绘图任务和工作流程的最佳方式

    C．自定义绘图环境　　　　　　　　D．以上均可

33. 下面不可以实现复制的是？（　　）

    A．旋转（Rotate）命令　　　　　　B．移动（Move）命令

    C．复制（Copy）命令　　　　　　　D．选择图形对象后按鼠标右键拖动

34. 设计中心是（　　）。

    A．与资源管理器相似的可以帮助查找图形的界面

    B．一种组织应用图块的方法

    C．一种了解图形内容的工具

    D．以上皆是

35. 如果从模型空间打印一张图，打印比例为 10∶1，那么想在图纸上得到 3 mm 高的字，应在图形中设置的字高为？（　　）

    A．3 mm　　　　　B．0.3 mm　　　　C．30 mm　　　　D．10 mm

36. 在进行修剪操作时，首先要定义剪切边，没有选择任何对象，而是直接按【Enter】

键或右击，或按【Space】键，则（　　　）。

  A. 无法进行下面的操作   B. 系统继续要求选择剪切边

  C. 修剪命令马上结束   D. 所有显示的对象作为潜在的剪切边

37. 刚刚绘制了一个圆，想撤销该图形，下面哪个操作不可以？（　　　）

  A. 按【Esc】键

  B. 单击"放弃"（Undo）按钮或按【Ctrl+Z】组合键

  C. 通过输入命令 U 或 Undo

  D. 在绘图区右击，在弹出的在菜单中选择"放弃（U）圆"命令

38. 在 AutoCAD 中，定义块属性时，要使属性为定值，可选择的模式是（　　　）。

  A. 不可见的 B. 验证   C. 固定   D. 预制

39. 绘制直线的平行线有多种方法，下列那种方法不合适？（　　　）

  A. 偏移或直接复制   B. 用直线命令画线，使用平行捕捉

  C. 构造线画线   D. 移动

40. 用于定位外部参照的已保存路径，不可以是（　　　）。

  A. 完整路径 B. 相对路径 C. 默认路径   D. 无路径

41. 当前图形有 5 个层，分别是 0、A1、A2、A3、A4 如果 A3 为当前层，同时 0、A1、A2、A3、A4 都处于打开状态且都没有被冻结，下面那句话是正确的？（　　　）

  A. 除了 0 层外，其他所有层都可以锁定

  B. 除了 A3 层外，其他所有层都可以锁定

  C. 可以同时锁定 5 个层

  D. 一次只能锁定一个层

42. 利用偏移不可以（　　　）。

  A. 复制直线 B. 创建等距曲线 C. 删除图形 D. 画平行线

43. 下列对象可以转化为多段线的是（　　　）。

  A. 直线和圆弧 B. 椭圆   C. 文字   D. 圆

44. 在进行圆角操作时，当前圆角半径为 10，在选择对象时按住【Shift】键，结果是（　　　）。

  A. 倒出 R10 的圆角   B. 无法选择对象

  C. 倒出 R10 的圆角，但没有修改原来的多于线 D. 倒出 R0 的圆角

45. 在进行延伸操作时，要选择图形中所有的图形对象作为延伸边界，下面无法实现这样的选择的方法是（　　　）。

  A. 按【Ctrl+A】组合键   B. 按【Enter】键

  C. 右击   D. 按【Space】键

46. AutoCAD 临时保存文件的默认扩展名为（　　　）。

  A. *.ac$ B. *.bak   C. *.dwl   D. *.sav

47. "图层"工具栏中工具按钮"将对象的图层置为当前"的作用是（　　　）。

  A. 图层设置按钮

  B. 将所选对象移至当前图层

  C. 将选中对象所在的图层置为当前层

  D. 增加图层

48. 在为图形填充图案时，单击"添加：拾取点"按钮是创建边界灵活方便的方法，

关于该方式说法错误的是（　　）。

    A. 该方式自动搜索绕给定点最小的封闭边界，该边界必须封闭。

    B. 该方式自动搜索绕给定点最小的封闭边界，可以设定该边界允许有一定间隙。

    C. 该方式创建的边界中不允许存在孤岛

    D. 该方式可以直接选择对象作为边界

49. 图层锁定后（　　）。

    A. 图层中的对象不可见　　　　　　B. 图层中的对象不可见，但可以编辑

    C. 图层中的对象可见，但无法编辑　D. 该图层不可以绘图

50. 使用 WBlock 命令创建图块时，默认的文件名为（　　）。

    A. 块名　　　　　　　　　　　　　B. 上次块定义的文件名

    C. 新块.dwg　　　　　　　　　　　D. 块.dwg

51. 要提高图像的显示速度，可以将图像的显示质量从（　　）转换到（　　）。

    A. 默认的高质量，草稿质量　　　　B. 默认的高质量，低质量

    C. 草图质量，默认的高质量　　　　D. 低质量，默认的高质量

52. 在启动向导中，AutoCAD 使用的样板图形文件的扩展名是（　　）。

    A. *.dwg　　　　B. *.dwt　　　　C. *.dwk　　　　D. *.tem

53. 系统默认的角度是以什么方向定义正方向（　　）。

    A. 逆时针　　　　B. 顺时针　　　　C. 由用户定义的方向　D. 以上都正确

54. 下面哪个命令用以显示当前图形状态的信息？（　　）

    A. Dist　　　　　B. Status　　　　C. ID　　　　D. List

55. 下面哪个选项不是系统提供的"打印范围"（　　）。

    A. 窗口　　　　　B. 布局界限　　　C. 范围　　　　D. 显示

56. 在系统中，颜色的默认设置是（　　）。

    A. 白色　　　　　　　　　　　　　B. 黑色

    C. 随层（Bylayer）　　　　　　　D. 随块（Byblock）

57. 多线不能使用下面的哪个命令进行编辑（　　）。

    A. 删除　　　　　B. 移动　　　　　C. 修剪　　　　D. 分解

58. 构造线命令的哪个选项可以平分已知角。（　　）

    A. 水平　　　　　B. 垂直　　　　　C. 偏移　　　　D. 二等分

59. 下列哪个命令是快速标注命令？（　　）

    A. Qdim　　　　B. Dimtedit　　　C. Dimedit　　　D. Dimlinear

60. 在 AutoCAD 中被锁定的层上（　　）。

    A. 不显示本层图形　　　　　　　　B. 不可修改本层图形

    C. 不能增画新的图形　　　　　　　D. 以上全不能

61. 以下不属于绘制圆弧的方法的是（　　）。

    A. 三点绘制圆弧　　　　　　　　　B. 起点、圆心、端点绘制圆弧

    C. 起点、圆心、圆心角度绘制圆弧　D. 弦长、半径、角度绘制圆弧

62. 下列以（　　）方式标注对象之前，必须在已经进行线性或角度标注的基础之上进行。

    A. 快速标注　　　　　　　　　　　B. 连续标注

    C. 形位公差标注　　　　　　　　　D. 对齐标注

63. 使用（　　）命令可编辑图案填充。

　　A. Edit　　　　　　B. DDedit　　　　　C. PEdit　　　　　　D. Hatchedit

64. AutoCAD 允许一幅图包含（　　）层。

　　A. 8 个　　　　　　B. 4 个　　　　　　C. 无限制　　　　D. 16 个

65. 所在层为了保持图形实体的颜色与该图形实体的颜色一致，应设置该图形实体的颜色特性为（　　）。

　　A. Byblock　　　　B. Bylayer　　　　C. White　　　　　D. 任意

66. 在绘图区内，当光标处于绘图状态时，使用（　　）可调用一次性特殊点捕捉光标菜单。

　　A. Tab +右击　　B. Alt +右击　　　C. Shitf +右击　　D. 右击

67. 一个块最多可被插入到图形中多少次？（　　）

　　A. 50　　　　　　B. 25　　　　　　C. 2　　　　　D. 无限制

68. Divide 命令使 AutoCAD（　　）。

　　A. 把对象等距离断开

　　B. 在等分点处插入一个标记或插入一个块

　　C. 把对象断开

　　D. 在指定对象上按指定的长度绘制点或插入块

69. 相对直角坐标指的是相对前一点的直角坐标值，其表达式是在绝对坐标表达式前加（　　）号。

　　A. @　　　　　　B. △　　　　　　C. +　　　　　　D. X

70. 绘制轴测图时，下列说法错误的是（　　）。

　　A. 绘制直线需要打开正交模式　　　B. 圆必须用椭圆中"轴测"选项绘制

　　C. 对称图形不能使用镜像　　　　　D. 可以利用"圆角"命令进行圆角处理

71. 在线段的编辑过程中，要一次编辑所有的直线段和曲线段可以用（　　）命令。

　　A. 直线　　　　　B. 多段线　　　　C. 样条曲线　　　D. 圆弧

72. 在一个视图中，一次最多可创建（　　）个视口。

　　A. 2　　　　　　B. 3　　　　　　C. 4　　　　　D. 5

73. 在选择"全局缩放"或"范围缩放"命令后，（　　）图形不能完全显示。

　　A. 直线　　　　　B. 射线　　　　　C. 多线段　　　　D. 圆

74. （　　）命令可将对象从当前位置平移到一个新的指定位置，而不改变对象的大小和方向。

　　A. Copy　　　　　B. Move　　　　C. Offset　　　　D. Rotate

75. 在定距等分对象时，系统从（　　）开始测量。

　　A. 左端　　　　　　　　　　　　B. 右端

　　C. 从离拾取点近的一端　　　　　D. 从离拾取点远的一端

76. 下面（　　）对象不可以分解。

　　A. 文字　　　　　B. 块　　　　　C. 图案　　　　D. 尺寸

77. 打开"特性"选项板的快捷键是（　　）。

　　A.【Ctrl+1】　　B.【Ctrl+N】　　C.【Ctrl+S】　　　D.【Ctrl+A】

78. 移动圆对象，使其圆心移动到直线中点，需要应用（　　）模式。

　　A. 正交　　　　　B. 捕捉　　　　C. 栅格　　　　D. 对象捕捉

79. 不能应用修剪命令 Trim 进行修剪的对象是（　　　）。

    A. 圆弧　　　　　　B. 圆　　　　　　　C. 直线　　　　　　D. 文字

80. 在 AutoCAD 中可以给图层定义的特性不包括（　　　）

    A. 颜色　　　　　　B. 线宽　　　　　　C. 打印/不打印　　D. 透明/不透明

81. 图层分为当前层和非当前层，用户操作都是在当前层上进行的，当前层共有(　　　)。

    A. 6 个　　　　　　B. 3 个　　　　　　C. 1 个　　　　　　D. 无数个

82. 下列命令中将选定对象的特性应用到其他对象的是（　　　）。

    A. 特性　　　　　　　　　　　　　　B. 特性匹配

    C. AutoCAD 设计中心　　　　　　　D. 夹点编辑

83. 系统默认的画弧方式是（　　　）。

    A. 顺时针　　　　　B. 逆时针　　　　　C. 自定义　　　　　D. 随机

84. 开启正交模式的快捷键是（　　　）。

    A.【F11】　　　　　B.【F9】　　　　　C.【F3】　　　　　D.【F8】

85. 一组同心圆可由一个已画好的圆用（　　　）命令来实现。

    A. Stretch　　　　　B. Move　　　　　　C. Extend　　　　　D. Offset

86. 应用对象追踪模式时，除单击"对象追踪"按钮外，还要单击（　　　）按钮。

    A. 对象捕捉　　　　B. 捕捉　　　　　　C. 极轴　　　　　　D. 正交

87. 选择（　　　）命令对闭合图形无效。

    A. 删除　　　　　　B. 拉长　　　　　　C. 复制　　　　　　D. 打断

88. （　　　）是由封闭图形所形成的二维实心区域，它不但有边的信息，还有边界内的信息，用户可以对其进行布尔运算。

    A. 面域　　　　　　B. 图案填充　　　　C. 多段线　　　　　D. 图块

89. 在布局中，绘制（　　　）图形对象后可以将其转化为视口。

    A. 一个圆　　　　　B. 一段圆弧　　　　C. 一条直线　　　　D. 一条多线

二、多选题

1. 以下属于单行文字命令的有（　　　）。

    A. DText　　　　　　B. Text　　　　　　C. MText　　　　　D. T

2. 以下属于标注命令的有（　　　）。

    A. Djo　　　　　　　B. Dco　　　　　　C. Dab　　　　　　D. Dce

3. 关于图层的说法正确的有（　　　）。

    A. 0 图层不能更名和删除

    B. 所绘制的图形的特性将随当前层的设置而变化

    C. 双击图层可对其重命名（0 图层除外）

    D. 能删除当前正在使用的图层

4. 以下可用"分解"（Explode）命令分解且可还原的对象有（　　　）。

    A. 多段线绘制的线条　　　　　　　B. 面域

    C. 多线绘制的线条　　　　　　　　D. 块图形

5. 当命令行提示"命令:"时，可以对图形对象进行（　　　）。

    A. 矩形选框　　　　B. 交叉选框　　　　C. 框选　　　　　　D. 栏选

6. 关于单行文字和多行文字下列说法不正确的是（　　　）。

    A. 单行文字只有一个夹点　　　　　B. 多行文字只有一个夹点

    C. 单行文字有 4 个夹点   D. 多行文字有 4 个夹点

7. 插入块时需要指定的参数包括（   ）。

    A. 插入点位置   B. 比例因子   C. 旋转角度   D. 包含几何对象

8. 图形对象最基本的属性包括（   ）等。

    A. 颜色   B. 线型   C. 线宽   D. 图层

9. 创建图案填充必不可少的 3 步是（   ）。

    A. 图案的选择   B. 边界的确定   C. 删除孤岛   D. 预览及参数的调整

10. 在二维图形中，（   ）通常被用作创建其他对象的参照或辅助绘制其他图形。

    A. 定距等分点；   B. 射线；   C. 构造线；   D. 定数等分点

11. 关于基点说法正确的是（   ）。

    A. 基点是确定插入对象时的一个插入点

    B. 基点是固定的，是不能改变的

    C. 基点是原点

    D. 基点可以用 Base 命令重新指定

12. 删除对象的方法有（   ）。

    A. Erase

    B. 右击对象，在弹出的菜单中选择"删除"命令

    C. 选中对象按【Delete】键

    D. 选中对象并按【Enter】键

13. 重生成命令是（   ）

    A. Draw   B. Drawall   C. Regen   D. Regenall

14. 在创建块时若没有为图块指定基点，下面哪些不是系统默认的图块插入基点（   ）。

    A. 0,0,0   B. 1,1,1   C. 10,10,10   D. 100,100,100

15. 保存图层状态设置时可以保存（   ）。

    A. 图层控制状态   B. 图层特性

    B. C. 图层名   D. 上述 3 项都不能

16. AutoCAD 提供的观察三维模型的标准视点中，有（   ）。

    A. 主视图   B. 俯视图

    C. 东南等轴测视图   D. 左视图

17. 关于标注样式的操作中，下面（   ）选项的设置方法相同。

    A. 新建样式   B. 修改样式   C. 比较样式   D. 替代样式

18. 下列各个选项中，不能够用作透明命令执行的是（   ）

    A. Dist   B. Area   C. Arc   D. List

19. 下列可以使用特性匹配进行匹配的内容有（   ）

    A. 图形对象颜色   B. 图形对象线型

    C. 图形对象线宽   D. 图形对象的大小

20. 下列命令可以对图形对象进行复制的有（   ）。

    A. CO   B. CP   C. Copy   D. CY

21. 下列方法中可以打开设计中心的是（   ）。

    A. ADC   B.【Ctrl+2】   C.【Ctrl+3】   D. 双击图形对象

22. 可以新建图形文件的方法有（　　　　）
    A. 命令行中输入 New　　　　　　　B. 按【Ctrl+N】组合键
    C. 选择 "文件" → "新建" 命令　　　D. 按【Ctrl+Enter】组合键

23. 用阵列命令 Array 阵列对象时有以下阵列类型（　　　　）。
    A. 路径阵列　　　　B. 矩形阵列　　　　C. 正多边形阵列　　D. 环形阵列

24. 用镜像命令 Mirror 镜像对象时（　　　　）。
    A. 必须创建镜像线
    B. 可以镜像文字，但镜像后文字不可读
    C. 镜像后可选择是否删除源对
    D. 用系统变量 MIRRTEX 控制文字是否可读

25. 在 AutoCAD 中，可以通过以下方法激活一个命令（　　　　）。
    A. 在命令行输入命令名　　　　　　B. 单击命令对应的功能区面板图标
    C. 从下拉菜单中选择命令　　　　　D. 右击，从快捷菜单中选择命令

26. 以下对象中，不能被删除的有（　　　　）
    A. 世界坐标系　　　　　　　　　　B. 文字对象
    C. 不可打印图层上的对象　　　　　D. 锁定图层上的对象

27. 用缩放命令 Scale 缩放对象时（　　　　）。
    A. 可以只在 X 轴方向上缩放　　　　B. 可以通过参照长度和指定的新长度确定
    C. 基点可以选择在对象之外　　　　D. 可以缩放小数倍

28. 用偏移命令 Offset 偏移对象时（　　　　）。
    A. 必须指定偏移距离　　　　　　　B. 可以指定偏移通过特殊点
    C. 可以偏移开口曲线和封闭线框　　D. 原对象的某些特征可能在偏移后消失

29. 在 AutoCAD 中（　　　　）操作可复制对象？
    A. 镜像　　　　　B. 复制　　　　　C. 阵列　　　　　D. 以上都不对

30. 一般尺寸标注由（　　　　）组成。
    A. 尺寸线　　　　B. 尺寸界限　　　C. 箭头　　　　　D. 文本

31. 改变直线的实际长度，可用（　　　　）方法。
    A. 实时缩放　　　B. 夹点编辑　　　C. Lengthen　　　D. Scale

32. 在 AutoCAD 可对（　　　　）进行查询。
    A. 距离　　　　　B. 面积　　　　　C. 点坐标　　　　D. 质量特性

33. 图层名称中不能包括的字符有（　　　　）。
    A. 数字 0~9，字母大小写，下画线
    B. 大于号，小于号，等号
    C. 斜杠，反斜杠，竖线
    D. 引号，分号，问号

34. 在 AutoCAD 中选择对象的方式有（　　　　）。
    A. 窗口方式　　　　　　　　　　　B. 交叉方式
    C. 点选方式　　　　　　　　　　　D. 以上都不对

35. 精确移动对象的位置，下列可以采用的方法有（　　　　）。
    A. 使用捕捉模式　　　　　　　　　B. 使用坐标精确定位
    C. 使用夹点和对象捕捉定位　　　　D. 通过转换图层

36. 图案填充的高级设置中，弧岛的检测样式有（　　）。

   A. 普通　　　　　B. 外部　　　　　C. 忽略　　　　　D. 全不是

37. 可以直接拉伸的对象有（　　）。

   A. 圆弧　　　　　B. 矩形　　　　　C. 多段线　　　　D. 面域

38. 矩形命令中，可选项包括（　　）。

   A. 倒角　　　　　B. 圆角　　　　　C. 宽度　　　　　D. 标高

39. AutoCAD 中的绘图空间可分为（　　）。

   A. 模型空间　　　B. 图纸空间　　　C. 布局空间　　　D. 打印空间

40. 用 Zoom 命令缩放视口包括的选项有（　　）。

   A. 全部（A）　　B. 范围（E）　　C. 比例（S）　　D. 窗口（W）

41. 夹点编辑包括以下哪些操作？（　　）

   A. 拉伸　　　　　B. 剪切　　　　　C. 旋转　　　　　D. 镜像

42. 坐标输入的方式主要有（　　）。

   A. 绝对坐标　　　B. 相对坐标　　　C. 极坐标　　　　D. 球坐标

43. 基本文件命令操作有关闭和以下哪些项？（　　）。

   A. 创建　　　　　B. 打开　　　　　C. 保存　　　　　D. 打印输出

44. 在设置绘图单位时，系统提供了长度单位的类型除了小数外，还有（　　）。

   A. 分数　　　　　B. 建筑　　　　　C. 工程　　　　　D. 科学

45. 下列哪些命令可以绘制矩形？（　　）

   A. Line　　　　　B. Pline　　　　C. Rectang　　　D. Polygon

46. AutoCAD 中使用图案填充命令时可用下列哪些方法选择填充区域？（　　）

   A. Pick Points　　B. Select Object　C. Regfn　　　　D. Rectan

47. 用复制命令 Copy 复制对象时，可以（　　）。

   A. 按【F1】键

   B. 在命令行中输入"？"然后【Enter】键

   C. 在命令行中输入"Help"然后按【Enter】键

   D. 在对话框中单击"帮助"按钮

48. 用旋转命令 Rotate 旋转对象时，基点的位置（　　）。

   A. 根据需要任意选择　　　　　　　B. 一般取在对象特殊点上

   C. 可以取在对象中心　　　　　　　D. 不能选在对象之外

49. AutoCAD 软件可以使用的输出设备有（　　）。

   A. 显示器　　　　B. 纸带　　　　　C. 绘图机　　　　D. 打印机

50. AutoCAD 软件可以使用的输入设备有（　　）。

   A. 键盘　　　　　B. 鼠标　　　　　C. 数字化仪　　　D. 光笔

51. 在对象捕捉追踪设置中有（　　）。

   A. 仅正交追踪设置　　　　　　　　B. 用所有极轴角设置追踪设置

   C. 附加角设置　　　　　　　　　　D. 增量角设置

52. 极轴角测量的方法（　　）。

   A. 绝对测量　　　　　　　　　　　B. 相对上一段测量

   C. 极轴角测量　　　　　　　　　　D. 增量角测量

53. 在填充图案时，常用的金属剖面线是（　　）。

    A. ANSI31　　　B. ANSI37　　　C. ANSI32　　　D. ANSI35

54. 下列捕捉方式中，能够作为目标捕捉方式的有（　　）。

    A. 中心捕捉　　B. 圆心捕捉　　C. 凹凸点捕捉　　D. 交点捕捉

三、问答题

1. 在半径为 10 m 的圆上截出长度为 2 m 的弦。

2. 关闭图层和冻结图层的共同点和区别。

3. 简述"旋转"（Rotate）命令中"参照"选项的作用。

4. 图层中哪些图层是不能删除的？

5. AutoCAD 中标注主要由哪些元素组成？

6. 什么是图案填充的关联？

7. New 命令、Open 命令的功能有哪些？

8. 利用什么方法可以将多条形成封闭的直线变成多段线？

9. 什么是世界坐标？什么是用户坐标？二者有何区别？

10. 在输入汉字时为何出现"?"，怎样解决？

11. 块的特点有哪些？

12. 在创建图案填充时，边界的确定有两种方式，分别是什么，并简述两者的区别。

13. 标注时的比例因子与整体比例如何控制？

14. 在创建等边多边形时，其中有内接于圆、外切于圆之分，请简述它们之间的相同点和不同点。

15. 何谓"透明"命令？

16. 简述 Block 与 WBlock 两个命令的区别。

17. 简述"工具"选项板的作用。

18. 如何对 AutoCAD 文件进行加密？

19. 为何用点的等分时，没有出现点？

20. 当出现暂时无法移动对象的情况时，怎么办？

21. 为何在状态栏的"对象捕捉"激活的状态下，出现特殊点无法捕捉的现象？

一、单选题

1	2	3	4	5	6	7	8	9	10	11	12	13	14	15	16	17	18
D	D	B	C	D	B	B	A	C	B	A	C	B	A	B	B	A	B
19	20	21	22	23	24	25	26	27	28	29	30	31	32	33	34	35	36
A	C	D	B	C	C	C	C	A	B	C	D	B	D	B	D	B	D
37	38	39	40	41	42	43	44	45	46	47	48	49	50	51	52	53	54
A	C	D	C	C	C	A	D	A	A	C	B	C	C	A	B	A	B
55	56	57	58	59	60	61	62	63	64	65	66	67	68	69	70	71	72
B	C	C	D	A	B	D	A	B	D	C	B	C	D	D	A	D	B
73	74	75	76	77	78	79	80	81	82	83	84	85	86	87	88	89	
C	B	B	C	A	A	D	D	D	C	B	B	D	D	A	B	A	

二、多选题

1	2	3	4	5	6	7	8	9	10
AB	ABCD	ABC	ABD	ABC	BC	ABC	ABCD	ABD	ABCD
11	12	13	14	15	16	17	18	19	20
AD	ABC	CD	BCD	ABC	ABCD	ABD	BCD	ABC	ABC
21	22	23	24	25	26	27	28	29	30
AB	ABC	BD	CD	ABCD	AD	BCD	BCD	ABC	ABCD
31	32	33	34	35	36	37	38	39	40
BCD	ABCD	BCD	ABC	ABC	ABC	ABC	ABCD	AB	ABCD
41	42	43	44	45	46	47	48	49	50
ABD	ABC	ABC	ABCD	ABCD	AB	BCD	ABCD	AC	ABC
51	52	53	54						
ACD	ABCD	AB	AB						

三、问答题回答要点

1. 答：① 绘制半径为 10 m 的圆；② 绘制一条直线与圆相交，交点为 A；③ 以 A 点为圆心，2 m 为半径绘制圆，与大圆相交，交点为 B，AB 两点连线为所得的弦长。

2. 答：共同点：不显示、不能编辑、不能打印。

不同点：① 当前层可以被关闭，但不能被冻结；② 对图形执行"重生成"操作时，关闭层中的对象会被计算，而冻结层中的对象不会被计算，即冻结图层可以减少系统的重新生成图形的计算时间。

3. 答：当旋转角度不是已知条件时，可以用"参照"选项，利用鼠标拾取角度的方式进行旋转。

4. 答：① 0 图层；② 依赖于外部参照图层；③ 当前图层；④ 存在图形对象的图层。

5. 答：标注主要由尺寸界限、尺寸文本、尺寸箭头和尺寸线组成。

6. 答：关联后的填充图案。当改变填充区域后，图案跟着改变。

7. 答：New 命令的功能：创建一个新的图形文件；Open 命令的功能：打开一个已存在的图形文件。

8. 答：① 利用多段线编辑命令中的"合并"选项；② 利用"创建边界"命令中的"多段线"选项。

9. 答：当新建图形文件时，系统默认的文件左下角的坐标为世界坐标。用户坐标是根据用户需要对世界坐标进行转换而形成的坐标。

区别：WCS——原点不变，三轴指向不变；UCS——原点可变，三轴指向可变。

10. 答：出现问号是因为文字样式没有设置好，只需用 st 命令或选择"格式"→"文字样式"命令设置字体即可。

11. 答：图块是一组图形实体的总称，在该图形单元中，各实体可以具有各自的图层、位置、线型和颜色等特征。

12. 答：两种方式为拾取点和选择对象。

区别：拾取点方式，是在绘图区以拾取点方式指定填充区域；选择对象方式为在绘图区中以选择对象方式指定填充区域。

13. 答：比例因子只对设置它的标注起作用，整体比例对全部的标注起作用。

14. 答：

相同点：都是以半径边数绘制多边形。

不同点：内接于圆是以内接圆方式定义多边形，其输入的半径值为圆心到等边多边形某一角点的距离。外切于圆是以外切圆方式定义多边形，其输入的半径值为圆心到等边多边形某一边中点的距离。

15. 答："透明"命令可以单独使用，也可以在执行其他命令的过程中使用，但要先输入撤号（'）然后输入透明命令，如：Zoom、Pan、Dist 等都是透明命令。

16. 答：使用 Block 命令创建的图块称为内部图块，只能在定义它的图形文件中调用，随定义它的图形一起保存，存储在图形文件内部。

使用 WBlock 命令创建的块称为外部块，是将已定义的内部图块或所选对象以文件形式保存到计算机中，可在其他文件中调用。

17. 答："工具"选项板的主要作用是它将常用的块和图案填充分门别类地放置在"工具"选项板的不同选项卡中，当用户需要向当前图形中添加块或图案填充时，只需将其从"工具"选项板中拖至图形中即可，从而大大方便了用户的操作。

18. 答：① 在命令行中输入 OP 或在菜单栏中选择"工具"→"选项"命令，弹出"选项"对话框；② 选择"打开和保存"选项卡，单击"安全选项"按钮，在弹出的对话框中根据提示输入密码即可。

19. 答：这是因为点的样式不对，默认的点样式就是一个点，与线重合在一起，故看不见。

20. 答：重新设置绘图界限，或将图形重生成一下。

21. 答：这是因为没有设置相应的捕捉方式。

参 考 文 献

[1] 焦永和，张京英，徐昌贵. 工程制图[M]. 北京：高等教育出版社，2008.

[2] 吴永进，林美樱. AutoCAD 2004&2005 中文版特训教程[M]. 北京：人民邮电出版社，2004.

[3] 刘国庆，郑桂水. AutoCAD 2004 基础教程与上机指导[M]. 北京：清华大学出版社，2004.

[4] 李济群，董志勇. AutoCAD 机械制图基础教程：2006 版[M]. 北京：清华大学出版社，2006.

[5] 姜勇. 计算机辅助设计：AutoCAD 2008 中文版基础教程[M]. 北京：人民邮电出版社，2009.

[6] 练碧贞，唐文慧. 体育场地简易测绘法[M]. 北京：人民体育出版社，2000.

[7] 王征，陕华. AutoCAD 2017 实用教程[M]. 北京：清华大学出版社，2016.